卡耐基经典读本：全5册

快乐的人生

[美] 戴尔·卡耐基◎著 徐苑琳◎译

中国纺织出版社有限公司

图书在版编目（CIP）数据

卡耐基经典读本：全5册. 快乐的人生 /（美）戴尔·卡耐基著；徐苑琳译. --北京：中国纺织出版社有限公司，2021.6（2023.10 重印）
ISBN 978-7-5180-6476-2

Ⅰ.①卡… Ⅱ. ①戴… ②徐… Ⅲ. ①成功心理—通俗读物②人生哲学—通俗读物 Ⅳ. ①B848.4-49 ②B821-49

中国版本图书馆CIP数据核字（2019）第159957号

责任编辑：李　杨　　责任校对：高　涵　　责任印制：储志伟

中国纺织出版社有限公司出版发行
地址：北京市朝阳区百子湾东里A407号楼　邮政编码：100124
销售电话：010—67004422　传真：010—87155801
http://www.c-textilep.com
中国纺织出版社天猫旗舰店
官方微博 http://weibo.com/2119887771
大厂回族自治县益利印刷有限公司印刷　各地新华书店经销
2021年6月第1版　2023年10月第2次印刷
开本：880×1230　1/32　印张：32
字数：682千字　定价：148.00元（全5册）

目录

上卷　放下沉重的包袱　‖001

让自己生活在独立的隔舱之中　‖002

每天都有一个崭新的生命　‖005

学会欣赏窗前的玫瑰　‖009

消除忧虑的万能公式　‖013

带着棺材去旅行　‖017

世界上最便宜的药　‖021

深水下的顿悟　‖028

无谓的琐事　‖030

保险公司的赌博　‖034

奇妙的概率　‖036

像水一样适应一切容器　‖040

做一棵不会被压垮的常青树　‖044

挫折是人生的必修课　‖048

思想的魔力　‖050

快乐就在身边　‖054

制订一个快乐的计划　‖057

怨恨使生活犹如地狱　‖060

做超出我们能力之外的大事　‖064

活着就是财富 ‖ 067
想想自己有多少得意的事情 ‖ 068
做个聪明人 ‖ 072
做最好的自己 ‖ 074
把柠檬做成柠檬水 ‖ 081
缺陷会使我们获得意外的收获 ‖ 084

下卷 尽享快乐的生活 ‖ 091

让雨水从身边流过 ‖ 092
未寄出的信件 ‖ 095
像伟人一样宽容 ‖ 100
转载次数最多的文章 ‖ 102
撩拨起别人的欲望 ‖ 105
安德生夫人的信 ‖ 110
为自己买张床 ‖ 116
创造奇迹的信 ‖ 118
富兰克林式的谦恭 ‖ 121
把热忱装满口袋 ‖ 125
友善的力量 ‖ 128
让人欣慰的交流方式 ‖ 131
永不消逝的感恩节 ‖ 135
微笑的力量 ‖ 138
记住别人的名字 ‖ 145

让对方觉得自己很重要 ‖ 147
避免与他人争论 ‖ 152
畅销书里的忠告 ‖ 154
不要针锋相对 ‖ 157
富兰克林的原则 ‖ 162
让反对者同意你的意见 ‖ 164
认错的妙用 ‖ 170
太阳和风的寓言 ‖ 175
豪斯上校的技巧 ‖ 177
感情的化学反应 ‖ 183
激励他人高尚的动机 ‖ 189
给别人留面子 ‖ 192
赞美可以使一朵蓓蕾盛开 ‖ 194
给人戴“高帽子”的妙用 ‖ 198
头衔策略 ‖ 201
幸福婚姻问卷 ‖ 203
工作是一生的筹码 ‖ 208

上卷

放下沉重的包袱

让自己生活在独立的隔舱之中

最近因为工作的关系，我非常幸运地访问了世界上知名的《纽约时报》的发行人亚瑟·苏兹伯格。当第二次世界大战开始向整个欧洲蔓延的时候，苏兹伯格感到非常恐慌，担忧人类的未来，过分的担忧导致他夜不能寐。于是，他经常在夜深人静时起床，为了减轻内心的忧虑，他开始拿着画布和颜料对着镜子画自画像。尽管，在这之前，他从来没有接触过画画，但还是坚持画，因为这样会使他内心保持片刻的安宁。后来，他无意中朗读了一首让自己不再忧虑的诗歌："只看我一步之前，引导我，那仁慈的灯光，是你让安宁常伴我的身边，我不想看遥远处的风景，只看距我一步之遥给我带来安宁的灯光。"这首诗歌成为苏兹伯格的座右铭。

美国海军上将阿尔斯特·金恩是一位军事指挥官，他在战争时期常常要为明天的战事制订计划，但是他从来不担忧即将发生的战事。他常常对部下说："如果正在作战的船只沉没了，再也没办法将它打捞起来。这时应马上抓紧时间去解决接下来的问题，不要再去后悔船只为什么沉没了。如果你总是为这些事情担忧，那你在接下来的战争中根本无法坚持多久。"当然，阿尔斯特上将总是先做好自己的职责："每次作战，最好的部队往往会获得最好的装备，这样的部队会接到最艰巨的任务，这就是我所能做的全部事情。”

其实，不管是在战争时期还是和平时期，人们是否具备积极的心态，将决定着事情最后的结果。当一个人以积极的心态思考事情的前因后果，他们往往会得出符合逻辑、有建设性的决策；反之，当一个人以消极的心态思考问题时，他们的精神总是先于事情变得更糟糕之前陷入崩溃。

1871年的春天，威廉·奥萨爵士还是蒙特瑞总医院的一个年轻医科学生。在这个忧伤的春天，奥萨爵士每天都在担忧怎样通过期末考试，毕业之后去哪里，做什么工作，用什么谋生。

某天，他无意翻开了历史学家托马斯·卡莱尔的一本书，书中的一句话一下子击中了他的心：“不要痴迷于遥远而看不见的风景，请关注今天的现实。”当时的奥萨爵士还有些懵懂，但这句话就像是一束光，照亮了他的整个人生。

42年后的一个夜晚，奥萨爵士造访耶鲁大学，他在这里发表了感人肺腑的演讲：“你们或许认为像我这样一个曾经执教于4所著名大学的教授与畅销书作家一定具备超乎普通人的天赋，但这并不是真相。认识我的人都知道，我只是跟在座的各位一样，是一位普通人。我想，成功的秘诀在于‘独立的隔舱’。几个月以前，我有幸在一艘横渡大西洋的轮船上目睹船长亲自在驾驶室里指挥。只见船长按下一个按钮，轮船便速度前进，随着几声有些繁杂的机械撞击声，一瞬间关闭了轮船的几个舱门，隔舱成为了一个完全独立的空间。我在这一刻顿悟了，关注今天的现实不就是把自己置身于一个独立的隔舱吗？过去能够赢得这些成绩，都是源于我能够在一个相对独立的隔舱生活。其实，我们的一生都要比那艘轮船奇妙得多，我们所要走的路，也比那艘轮船远得多。在这里，我想给大家一个忠告，学会让自己生活在一个完全独立的隔舱，只有这样，人生旅途才会安全。当我们想要启程时，不妨走进船舱，检查一下那些舱门是否完好。然后按下按钮，关闭舱门，将昨天隔绝开；再按下另一个按钮，关闭另一扇舱门，将缥缈的明天也隔开。这样，我们就会真正处于安全旅程中。为昨天忧伤、为明天担忧的人是愚蠢的，烦恼曾经和未来是当下行走的最大绊脚石，哪怕是最坚强的人，一旦开始烦恼也会被压垮。若放弃现实的今天，而遥望于未知的明天，那就是自寻烦恼。我们所要做的，就是关上舱门，生活在一个完全独立的隔舱里。”停顿了一会儿，奥萨爵士继续说，“或许你们会问，难道我们不需要为明天做好准备吗？当然不是，假如我们把全部精力和热情投入到当下的工作中去，就是在为走向明天做最充分的准备，努力做好今天的工作，才能争取更加美好的未来。”

那么，不管怎样，我们都需要为明天做好准备，安排好所有事情，不过千万不要为遥远的明天而焦虑不安。

由于总是生活在独立的隔舱里，威廉·奥萨爵士成功了。当年那个懵懂的年轻医科学生成为了伟大的医学家。他不仅创建了知名的霍普金斯医学院，而且获得了英国医学界的最高荣誉，即被牛津大学医学院聘为讲座教授，甚至被英国女王册封为爵士。他去世之后，后人用了长达1466页的传记作品来描述他光辉灿烂的一生。

每天都有一个崭新的生命

泰德·本杰明，曾经在欧洲服役，现在居住在美国马里兰州的巴尔的摩城纽霍姆路5716号。在战场上的那段日子，忧虑曾经一度令他精神崩溃。

当时，泰德在94步兵师担任士官，主要职责是搜集和记录因作战而死亡、失踪以及受伤的士兵名单，同时需要帮助挖掘被埋葬的盟国及敌国士兵的尸体，将这些人的遗物转交给他们的家属或最亲密的朋友，毕竟这些遗物对他们的亲友具有很大的纪念意义。

泰德的工作很烦琐，他总是担心自己出错，造成难堪，所以他每天都在担心。有时候，他甚至会胡思乱想：自己是否可以安全度过这段战乱，是否可以活着回去？那个16个月大的儿子，自己从来没见过，是否可以回去拥抱他呢？泰德又担忧又疲惫，竟然瘦了整整30斤。由于心中充满着对未知的恐惧，泰德精神恍惚，差点疯掉。无聊时，他总会呆呆地看着自己皮包骨的双手，想象着自己回家时非常瘦弱的样子，一瞬间陷入一种恐慌之中。泰德的精神彻底崩溃了，总像一个无助的孩子一样哭泣。他感觉自己非常脆弱，一旦只有他一个人待着，他就会伤心得无以复加。在坦克大战开始后不久的一段时间里，泰德经常哭泣，他对生活完全失去了信心。

1945年4月，每天处于焦虑中的泰德最终被医生诊断为“结肠痉挛”。这种病会给人带来很大的痛苦，不过病因却是过分忧虑。假如当时战争没有马上结束，他大概会完全崩溃的。

最后，泰德住在陆军诊疗站，一位军医给了他改变一生的忠告。当医生给泰德做完全面体验之后，告诉他："泰德，你的毛病是在心里，我希望你可以将生活当作一个沙漏，你知道任何人都无法让超过一粒的沙子同时通过瓶颈。在生活中，每个人都好像是一个漏斗，每天都有许多事情需要我们尽快去完成，但是我们只能一件一件地完成，假如我们让工作如同沙粒一般均匀地缓缓通过瓶颈，那整个沙漏是可以正常工作的，我们的生理和心理也是非常健康的。"

军医的一席话让泰德受益匪浅，这一天确实是值得纪念的日子。从那天起，泰德就一直恪守"一次一粒沙，一次一件事"的原则。在第二次世界大战结束时，这句话拯救了泰德；至今这句话对泰德的工作依然有很大的帮助。现在，泰德就职于巴尔的摩的一家商业信用公司，负责货物存储的业务。泰德发现这个工作与第二次世界大战时期自己的工作差不多，项目繁杂，时间却不够用。比如，公司的存货缺了、需要填写新的表格、安排订货事宜、客户地址更换、开始或关闭分公司等一大堆的工作。但泰德不再慌乱焦虑。他谨记军医说过的话："一次一粒沙，一次一件事。"泰德一遍遍默念着，这帮助他提高了工作效率，那种曾经在战场几乎让他崩溃的忧虑、慌乱的感觉再也没有出现过。

令人震惊的是，目前许多人都是由于单纯的精神压力而出现了身体疾病，他们被过去的负荷与对未来的担忧压得不能呼吸。事实上，他们当中的大多数人根本不用住院治疗，只要他们能谨记这句话："不要为明天忧虑。"或者记得奥斯勒爵士说的"活在今天的方格中”，就可以快乐地走在大街上，过着幸福而有意义的生活。

此时此刻，我们如同站在两个永恒的交汇点上，一边是无法磨灭的往日，另一边是永远没有尽头的未来。但是，我们却没办法同时活在两个永恒之中，即便短短一秒钟也不行。假如你执拗，非要这样去做，那最终你的身心会受伤。所以，为此刻活着而珍惜吧，知足吧，从现在到上床睡觉的那一刻。

罗勃特·史蒂文森说：“不管身上背负的重担有多沉，人都可以坚持下去，直到夜幕降临。不管工作多么辛苦，人都要努力完成。假如人可以这样度过每一天，那他就会生活得幸福温馨、努力认真、内心纯洁而高尚。其实这也是生命的真谛。”确实，生活对我们所要求的仅此而已。

希尔德太太住在密歇根州的东部港口城市萨吉诺法院街815号，她曾一度因忧虑而陷入精神崩溃的境地，甚至想到过自杀。不过，她现在很好，可以认真恪守“只要生活到上床为止”。

1937年，希尔德太太的丈夫去世，而且没有留下任何存款。那一刻，希尔德太太陷入了绝望。如果要想生活下去，她就需要找份工作。在生活的逼迫下，希尔德太太不得不写信给曾经的老板——堪萨斯城罗浮公司的里奥·罗切先生，请求他让自己回去做以前的工作。希尔德太太过去的工作是向城市附近的农村和城镇的寄宿学校推销世界百科全书。两年前丈夫生病了，希尔德太太将汽车卖了。现在为了重新工作，她不得不到处借钱，最终才以分期付款的方式买了一部二手车，重新推销书籍。

希尔德太太也希望重新工作可以帮助自己摆脱颓废、绝望的情绪。但是，真实情况却是，希尔德太太不得不一个人开车、独自吃饭，她实在无法忍受这个过程中充斥着的孤独感和忧虑感。而且，希尔德太太在某些地方连一本书也卖不出去，最后甚至难以支付汽车分期付款的费用。

1938年春天，希尔德太太到密苏里州的凡尔赛小镇上推销书籍。那里的人看起来很贫穷，道路也弯弯绕绕，在那一瞬间，希尔德太太觉得自己太独孤了，简直备受打击，甚至一度想到了自杀。因为她觉得成功对自己来说是多么遥远的事情，而且完全找不到继续生活的理由。每天早上醒来，希尔德太太就对生活充满着恐惧。她恐惧一切：害怕交不起分期付款的车钱，担心交不起房租，担心养不活自己，更恐惧万一生病也没钱看医生。唯一支撑她继续活下去的理由是，她害怕自己的姐姐会因此悲伤，以及难以支付自己死后的丧葬费。

后来一个偶然的机会，希尔德太太读到了一篇文章中一句鼓励人心的话："对于一个智者而言，每一天都是新的。"她仔细回味这句话，好像一下子将自己从消沉的边缘拉了回来，给了她继续生活的勇气。于是，希尔德太太将这句话打印在一张纸上，贴在了汽车的挡风玻璃窗上。每当她开车的时候，就可以随时看见它。渐渐地，希尔德太太发现一次只活一天并不困难，她学会了告别过去，不为明天担忧。每天早上起床，希尔德太太都满怀热情地对自己说："今天又是崭新的一天。"

当然，希尔德太太最终摆脱了自己对孤寂和空虚的恐惧感，现在她整个人都感觉非常快乐，每天对生活充满了热情，事业也有了一些成就。希尔德太太再也不用为明天而担忧，因为一次只需要活一天就足够了。对于智者而言，每一天都是崭新的。

古罗马诗人何瑞斯在耶稣诞生前30年写下了这几行诗，读起来似乎极具现代意味：

快乐的人，独处之时内心也充满愉悦，

因为他是一个能把今天活到极致的人，

他的内心祥和而平静，

因为他知道无论明天多么糟糕，自己已真正活过今天。

我发现人类身上存在的最悲惨的一个本性就是，

喜欢将希望寄予未来却不会积极地面对今天的生活。

我们向往地平线另一端的神奇的玫瑰，

却不会欣赏今天盛开在自己窗前的玫瑰。

学会欣赏窗前的玫瑰

约翰·罗斯金的书桌上放着一块刻着“今天”这两个字的石头。尽管同样的石头并没有出现在我的书房上，但我每天清晨刮胡子时总会阅读一首小诗，就是那首印度著名戏剧家卡里达撒的《致黎明》：

迎接今天吧！

今天就是人生，就是一切。

它转瞬即逝，
却蕴含着生命的全部成果；
成长的欢乐，
拼搏的荣誉，
美景就在今天呈现。
昨日如梦，
明天只是一个幻影。
认真地活在今天，
昨日的梦想，
都在今朝实现；
而明天的憧憬，
必将成为真实的希望。
所以，珍惜今日，
就是我们对黎明最好的问候。

或许你曾听说过这样一句话：人们总是想着昨天吃过的果酱和明天将要吃的果酱，却总是忽略了品味今天的果酱。生活中大部分人都是如此，我们总是担心昨天和明天的果酱，却忘了在今天的面包上涂上果酱。

忽略今天是人类所有天性中最可悲的，人们总是幻想着遥不可及的未来，眼里只有遥远天边的玫瑰花园，哪怕窗前的蔷薇也没时间顾及。我们为什么一定做如此愚蠢的事情呢？

史蒂芬·李高克写道："人们的一生是如此的奇怪，童年时会说：'等我长成少年的时候……'少年时说：'等我长成成年人的时候……’成年后又说：‘等我结婚了再说……’等到结婚后又说：‘等我退休之后再说……’等到退休了，回顾曾经的一生，不禁心生悔恨，想着未曾做过的事情，但已经虚度了大好时光，而时光也无法倒流。所谓生活，就是活在当下的每时每刻，活在每一天，活在每一个小时里。”

法国著名哲学家蒙田也曾忽略当下，他说：“在生活中，我总是不断地为这样或那样的事情担忧，不过我发现自己担忧的事情从来没有发生过。我是这样的，想来每个人必然也是这样的。”

但丁说：“今天永远不会再有。”一瞬即逝，时光如梭，我们最应该珍惜的是今天，真正可以把握的也是今天。

爱德华·依文斯出生于一个贫穷的家庭，童年时卖过报纸，长大后在一家杂货店打工。成家后，他去图书馆当管理员，尽管薪水少得可怜，但为了一家七口人的生活，他却不敢辞职。

这样战战兢兢过了八年，爱德华鼓足勇气创业，启动资金是借来的55美元，好在事业慢慢发展，几乎每年能挣2万美元。但天有旦夕祸福，爱德华义气为朋友担保，结果朋友却破产了，厄运接踵而至，他储存现金的银行也宣告破产了。这时的爱德华不仅身无分文，还欠了1.6万美元的债务。

一连串的打击，击垮了爱德华的心。他感觉自己病了，白天吃不下，晚上睡不着，每天都是精神萎靡。有一天，爱德华正在街上走着，忽然晕倒在地。由于长期不吃饭，他的身体变得非常虚弱，只能卧床休息，连翻身的力气都没有。医生下了最后的诊断：“你只有半个月的生命了。”这话让爱德华非常震惊，他只得在床上等死，并写了一份遗嘱。既然生命都快终止了，又有什么好挣扎和忧虑的呢？这样一想，爱德华放松了身心。曾经睡不着的他一下子进入了梦乡，疲惫感慢慢消失，开始有了胃口，力气也渐渐回来了。过了几周，爱德华已经可以靠拐杖步行了，再过了6周，他找到了一份推销船运汽车时放下车胎下面的挡板的工作，尽管每周只有30美元的收入，但他已经很满足了。他当即决定，再也不为曾经的事情忧虑，也不再担忧未知的明天。下定决心之后，爱德华信心满满地开始工作。没想到，由于工作尽心尽责，他几年后得到了晋升，成了依文斯公司的董事长。

如今，依文斯公司的股票一直是纽约股票交易所里的关注点。如果你有机会坐飞机去格陵兰，会降落在为了纪念他而命名的依文斯机场。谁会想到爱德华·依文斯差点因焦虑而丧命？假如爱德华没有欣赏到窗前的玫瑰，他也不会赢得如此大的成功。

下面，就让我们以古罗马诗人贺拉斯创作的一首诗作为结束语吧：

能够善待今天的人，

是真正懂得欢乐、懂得享受生活的人。

他们可以把每一大都过得很好，

他们会对人们说：

“不管以后会有什么样的灾难，我都会过好每一天。”

消除忧虑的万能公式

你是否正在被忧虑所困扰？你是否想掌握一种可以快速地清除内心忧虑的方法？

假如你真的迫切需要，那我可以为你介绍威利·卡瑞尔先生所提供的有效方法。卡瑞尔，闻名世界的卡瑞尔公司的负责人，开创了空调制造行业，是一位高超的工程师。

有一次，我与卡瑞尔先生在纽约的工程师俱乐部一起用午餐，他亲口告诉了我一个行之有效的缓解忧虑的方法。

卡瑞尔先生说："我年轻时在纽约水牛城的水牛钢铁公司工作，我们公司会安装一种瓦斯清洗器，其功能是清除空气中的杂质以避免伤害发动机，这种清洁空气的方法是非常先进的。尽管我以前也曾安装过这种装置，不过当公司安排我去密苏里州水晶城的匹兹堡玻璃公司的下属工厂安装瓦斯清洗器时，却出现了意想不到的困难。我好不容易安装上之后，机器倒是可以正常运转了，不过其性能远没有达到我预想的效果。我以前工作挺顺利的，这次却失败了，这令我备受打击，总会感到莫名的焦躁和担忧，以至于我寝食难安。我的烦恼一直存在，我意识到必须找到一种行之有效的方法。当然，我确实找到了一种处理问题的方法，这个方法非常有效，这么多年来我一直使用这种方法来缓解忧虑。现在我可以将这个方法告诉你，你可以教给更多的人。

"这个方法分为三个步骤，首先，我会全面分析自己目前的处境，以及因失败而造成的最糟糕的情形，当然，我不会因此而丧失性命或者进监狱，大不了就是损失老板购买机器的两万美元，而我会丢掉工作。其次，我在思考过最糟糕的情形之后，打算接受这个事实。我告诉自己，这次失败会成为我事业中的一个低谷，甚至我会因此被炒鱿鱼，不过即便我失去了工作，依然可以寻找到新的工作。至于我的老板，他有足够的能力投入新的资金，从而试验出一种新的清洁空气的方法，两万美元对于他来说没什么大不了。即便出现最糟糕的情况，我也能接受。于是我绷紧的身心立即得到了放松，心里有一种从未有过的平静。最后，当我的心平静下来时，我可以更加清晰地思考如何来挽救这个还不算糟糕的情况。然后我开始积极思考，希望可以找到一种补救的办法，以减轻有可能造成的两万元的损失。经过几次测验，情况终于有了转机，我发现顶多再安装一个价值五千美元的设备，就可以完全解决问题。事不宜迟，我马上去做，结果公司不仅没有损失那两万美元，相反还赚了一万五千美元。

"如果我一直忧虑下去，那我就无法取得最后的成功。忧虑的不利之处在于会阻碍我们的思想，因为忧虑会令人没办法集中精力去思考，只会使人的大脑更加混乱。不过，只要我们做好最坏的打算，且从心里接受这个最糟糕的情况，你就会发现大脑瞬间豁然开朗，若在这时集中精力思考，那就一定可以解决问题。尽管这件事已经过去很久了，但我一直使用这个方法来缓解内心的忧虑，它极具实用性。现在，我每天都过得很快乐，已经很少有烦恼在我身边驻足了。"

卡瑞尔的这个神奇方法为什么会产生如此巨大的效果呢？因

为它可以将我们从烦恼漩涡中解救出来，让我们看清现实情况。一旦我们认清了眼前的状况，就明白自己应该怎么做。假如我们无法意识到自己目前的处境，又怎么会集中精力思考解决方法呢?

那么，你是否愿意用威利斯·卡瑞尔的万能公式来解决问题呢？在现实生活中，有无数的人被忧虑所吞噬，他们从来不愿意接受最糟糕的结果，不愿意拼尽全力去弥补事情的过错。因此他们总是在痛苦里游泳，被内心的忧虑所折磨，根本没办法重新建构自己的人生。

我有一位学员曾在纽约做石油商人，他给我讲述了自己亲身经历的故事：

“当时我在纽约做石油商人，这是我父亲24年前创立的公司，我一直引以为傲。石油公司有负责运油的几个司机，他们分别驾驶几辆运油汽车。当时正处于战争时期，公司所执行的是非常严格的物件条例管理体系，每次运油，我们对每一位客户提供的油量都有配额限制。

“结果有一天，一位说是政府稽查员的人找到我，说我们公司的运货司机违法了。我这才知道有几名司机在运油给客户时，从每份油里扣一点下来，然后把这些油卖给别人。听到这样的事情，我很震惊，在这之前我完全不知情。对方说，假如我不给他一些好处的话，他就把这些违法证据送到地方检察院那里去。虽然我自己并没有参与这种违法行为，这件事情跟我也没有直接的关系，但是我依然明白，这事情公司脱不了干系。一旦法院受理了这个案子，各家报纸的新闻也会刊登出来，我的公司可能会淹没在这些负面的消息里。我不希望父亲创立的公司毁在我手里。

“我感到非常困扰，在之后的三天三夜里，我白天吃不下，晚上睡不着。那位自称政府稽查员的话一直回响在我耳边，到底是不管这件事，还是把钱拿给他呢。我一筹莫展。”

故事听到这里，我想你们一定很好奇他是怎么解决问题的，关键时刻，依然是我的课程解救了他。当时他正好看到了《不再忧虑》这本书，那是以前听我培训课时领到的书。他在书里读到了威利斯·卡瑞尔的故事。所以，他继续讲起了故事：

“我想到了最坏的结果，假如我把那些违法证据送到法院，拒绝把钱付给稽查员，那么出现的最糟糕结果是什么呢？最坏的结果就是媒体曝光了这些负面新闻，然后我的公司会受到影响，但我并不会有牢狱之灾。我心里权衡了一下，认为可以接受公司生意失败这件事，如果公司没了，我还可以去工作，因为在这之前我一直从事石油生意，我可以去石油公司应聘，我还不至于流落街头。想到最坏的结果，我坦然了，身心开始放松，也不再忧虑，我可以清晰地思考所面对的问题。

“我认真分析了一下，既然已经想到了最坏的结果，而且已经想到了如何应对这最坏的结果。我的思维开始朝着越来越清晰的方向发展：假如我将真相告诉律师，可能他会替我想到更好的解决办法。想到这里，我决定第二天就去见律师。有了清晰的打算之后，我感觉有些疲惫，很快就睡着了。

“第二天我先见了律师，他让我先去找地方检察官咨询。我到了那里，跟检察官说明了真相。没想到，地方检察官不以为然，他告诉我好几个月前就出现类似的敲诈案了，至于那个自称是政府稽查员的人其实是警方通缉的诈骗犯。听到这样的话，我马上放松了。想到自己曾经因为那个可恶的诈骗犯忧虑了三天三夜，真是觉得自己愚蠢至极。

“我一辈子也忘不了这件事，因为得到了深刻的教训。我一直喜欢用卡瑞尔的万能公式解决问题，尤其是当我开始忧虑的时候。”

卡瑞尔说：“假如可以接受最糟糕的结果，那么人的身心就会马上放松下来，你就能够获得前所未有的平静，这时我们就可以清晰思考了。”确实是这样，假如我们已经愉快接受了最糟糕的结果，那就再也不会担心失去什么。即使失去了，也一样可以弥补。

威廉·詹姆斯曾告诫自己的学生说：“你们要愉快接受那些可能会出现的情况，如果你想战胜所有的困难，第一步就是接受已经出现的结果。”1910年，威廉去世，假如他还健在，肯定会非常赞成卡瑞尔的万能公式。

林语堂在《生活的艺术》中曾写道：“从心理学角度来讲，内心宁静，可以面对最糟糕的结果，就能够挖掘出人的潜能。”

带着棺材去旅行

生活中，总会有层出不穷的人遭受忧虑的困扰。1948年11月17日，我在波士顿史蒂拉大饭店遇到了艾尔·汉尼，他向我讲述了他亲身经历的故事。

艾尔·汉尼来自内布拉斯加州威洛峡谷，他以前经常会因忧虑而患上胃溃疡。有一天晚上，汉尼胃出血，被紧急送到芝加哥西比大学的医学院附属医院。那一回，汉尼病得非常严重，他只能躺在床上，连头都不能动。他每天都要吃苏打粉，每小时吃一匙半流质的东西，护士每天早晚都要用一根皮管插进他的胃里，将里面的东西洗出来。患病期间，汉尼的体重整整少了72斤。一位知名的治疗胃溃疡的专家向汉尼下达了判决书："你的病已经无药可救了！"当然，他们安慰汉尼说不要多想，放松心情不要担心，并嘱咐他最好将遗嘱写好。

汉尼能怎么办呢？生病之后他不得不辞职，整天无所事事，似乎就等着死神降临了。人在没事时总会萌发出各种奇怪的想法，既然生命时日无多，汉尼心想：为什么不利用好剩下的每一天呢？他还记得儿时的梦想是周游全世界，后来因为工作繁忙就搁浅了，现在他为什么不去做呢？如果他现在去，应该还来得及。于是，汉尼做了一个惊人的决定，他买了船票打算马上出发。

当他的医生听到这个消息之后，异常震惊，他们第一时间赶来阻止汉尼："我们不得不警告你，假如你一定要坚持旅游的话，可能你最后会葬身大海。"没想到汉尼反过来安慰医生："不要担心，这绝对不会成为事实，我随身携带一口棺材。因为我已经答应了我的亲人，我一定会安葬在内布拉斯加州威洛峡谷的家族墓地。"汉尼真的买了一口棺材，他向轮船公司交代了自己的后事，假如他死了，就将尸体装进棺材放入有冷气的船舱保存起来，等轮船返回之后送到他家乡的墓地。

汉尼最终开始了自己的旅程，他一路默念着波斯诗人奥马尔·海亚姆的诗句：

啊，珍惜现在的时光吧，

在我们沉睡于大地之前，

物化为泥，永眠于黄泉之下，

无酒，无歌，没有舞者相伴——永无明日。

在床上航行的汉尼，醉心于一路的风景，他早已经忘记了医院里每天的必修课——吃药、洗胃。所以，当他在洛杉矶登上亚当斯总统号游轮向东方航行时，他感觉自己好多了，他开始吃那些新鲜的食物，包括许多奇怪的食品和调味品，医生曾警告他吃这些东西会丧命，但现在对他而言，失去生命又有什么呢？他享受了过去从未有过的生活乐趣：抽雪茄、偶尔喝几杯老酒、在船上玩游戏、唱歌、交新朋友、晚上经常聊到半夜。

即便轮船在印度洋遇到季风，或是在太平洋遇到台风，汉尼也不再恐惧，而是享受着冒险旅程带来的收获。当轮船抵达中国和印度时，他亲眼看到东方的贫困与饥饿，回想自己在生活中遭遇的烦心事，那简直太微不足道了，又有什么好忧虑的呢？汉尼完全放松了自己，感觉身心从未有过的畅快，他安全回到了美国，而且体重增加了81斤，胃溃疡也消失得无影无踪。他回到岸上的第一件事就是卖掉棺材，然后全身心投入工作中。在汉尼未来的人生中，他再也没有生过什么病。

事实上，艾尔·汉尼在遭遇忧虑困扰时，完全不知道卡瑞尔所介绍的有效方法。不过，我们重新回过来看这个故事，发现汉尼先生在潜意识里所使用的就是卡瑞尔的方法，甚至连汉尼本人也承认这一点。首先，汉尼所想到的是，最糟糕的情况是什么？死亡。然后，汉尼坦然地接受死亡，他不得不在家里等死，因为医生说他已经无药可救。最后，汉尼觉得自己应该在剩下的时日里改变人生，利用好最后的时间去完成儿时的梦想……汉尼说：“假如我上船之后还是沉浸在痛苦中，那我估计会躺在棺材里周游世界。但是，我选择了忘记那些烦恼的事情，我的身心得到一种前所未有的释放，我找到了生活新的力量，最终，我战胜了内心的忧虑，重新找回了自我。”

亚历西斯·卡瑞尔博士曾获得诺贝尔医学奖，他说：“不懂得如何抗拒忧虑的商人，都会短命而死。”忧虑的真正原因是什么？没有人可以回答这个问题。事实上，不管是商人、家庭主妇，还是兽医和泥水匠都不懂得如何抗拒忧虑。他们在很多情形下，由于恐惧和忧虑而精神失常。每个人在忧虑和焦躁不安时，没办法适应现实的世界，并慢慢与周围环境断绝所有的联系。

忧虑到底对人有多大的影响？我们不用费力气去图书馆或医院，只需要在生活中，就可以找到答案。忧虑会摧毁男人的智慧和女人的容颜。当一个人开始忧虑的时候，他们会咬紧牙关，表情淡漠，脸上产生皱纹，头发渐渐花白甚至掉落。假如一个人总是忧虑，他的脸上甚至会长斑和粉刺，甚至溃烂。

我们站在城市的最高处，凭高眺望，就可以看到不远处的窗口处，有人因为忧虑而精神失常；在另外一个窗口，有人因忧虑而患了糖尿病，哪怕是股票的突然下跌都会让他血和尿里的糖分飙升。

忧虑就好像永远在滴落的水，最后会让那些人丧失心智而自杀。在这里，我们可以再一次重复卡瑞尔博士的话：一个人若不懂得如何抗拒忧虑，就会短命而亡。

世界上最便宜的药

马利安·道格拉斯经历了两次家庭悲剧。一开始，他失去了自己最疼爱的5岁女儿，他和妻子无法遭受如此大的打击。但是，悲剧还没结束，短短的10个月之后，他的另外一个上天恩赐的女儿仅存活了5天就夭折了。

这连续的打击让马利安简直无法喘气，他没办法接受现实，每天都沉浸在痛苦之中，吃不下睡不着。他心里被痛苦占据着，无法放松，对未来也失去了信心。最后，无奈的他只能向医生求救，有的医生建议他服用安眠药，有的医生建议他去旅行。为了摆脱痛苦，他两个方法都试了，却毫无作用。马利安感觉自己如同坠入深渊，那里漆黑无比，没有一个人，他只感到无尽的痛苦与悲伤。当然，对于马利安这样的痛苦，想必只有亲身经历过的人才能体会到其中的苦涩与悲痛。

有一天，马利安呆坐在那里，一个人在痛苦中挣扎的时候，他4岁的儿子走了过来，对他说：“爸爸，你可不可以给我做一条船呢？”马利安根本没有心思去为儿子做玩具，他不得不对儿子说不，不过儿子却不打算放手，倔强的他向爸爸耍赖，最后，马利安不得不开始做船。在这期间他将自己的痛苦暂且抛在一边，他认真地选取材料，与儿子商量着。三个小时后，他为儿子造好了船，令人惊奇的是，当他将船拿给儿子时竟有一丝喜悦。而回顾自己做船的这三个小时，马利安觉得至少在那一刻他的心是放松的、平静的，痛苦已经被抛至一边了。

这个惊奇的发现让马利安觉得自己不能再沉浸在忧虑之中，或许还有很多事情需要去做，这是他最近几个月第一次认真地思考。或许，当自己找到一些事情的时候，忧虑就会消失了。就在第二天晚上，他检查了自己的所有房间，又找出了许多需要做的事情，比如书架需要修理、楼梯坏了、窗帘要换了、门把松了、门锁需要换了、水龙头漏水了等。原来，家里需要自己去做的事情这么多，他在两周之内竟然找出了242件需要做的事情。他也发现，当自己沉浸在一件事情之中，就难以去悲伤或忧虑了，因为他无暇顾及。换而言之，让自己忙碌起来，这是一个缓解忧虑的好方法。

后来，马利安一直在忙碌地生活，他完成了242件需要完成的事情。不仅如此，他还到处参加活动，每周花两个晚上去纽约市参加成人教育班，或者参加镇上的一些集体活动。如今，马利安是校董事会主席，同时协助红十字会和其他机构的募捐，他非常忙碌，早已经忘记了忧虑的模样，当然，他也没有时间去忧虑了。

丘吉尔说：“我没时间忧虑。”他在战事非常紧张时每天的工作时间长达18个小时，他自然没有时间因沉重的责任而忧虑。

查尔斯·柯特林曾经一贫如洗，无奈之下只能把粮仓或者堆稻草的仓库当成临时的实验室，一家人的生活也只靠妻子教钢琴赚来的钱维持。在最穷的时候，柯特林还借了500美元做实验费，并将自己的人寿保险当作抵押。在那段黯淡无光的日子里，柯特林的妻子每天都生活在忧虑中，无法安然入睡，相反，柯特林本人因忙于工作，完全没有时间去忧虑，看起来反而更轻松。后来，柯特林先生成功了，他发明了汽车自动点火器，并一直担任通用的副总裁。

不知道你发现没有，那些致力于科学研究的人很少会出现精神崩溃的情况，因为他们忙于研究，没时间忧虑。大量实验证明，人们在图书馆和实验室的时候，更容易获得平静，因为他们全身心投入学习和研究之中，无暇顾及忧虑。所以，伟大的科学家巴斯特得出这样的结论：我们可以从图书馆和实验室中获得平静。

心理学家认为，一个人不管多么有智慧，都不可能同时思考超过一件事情。假如你对此质疑，那我们就可以来做一个轻松的实验：想象自己坐在院子的躺椅里，冥想着自由女神的形象和明天早上想做的事情。很快你就会发现，一个人一次只想一件事，而不能同时思考两件事。从情感角度而言，也是这样，当我们在热情、专注地做着令人高兴的事情时，不能受到忧虑的影响。心中一种感觉会排挤掉另一种感觉，这就可以回答“为什么保持忙碌可以消除忧虑”这个问题了。

由于这个意外的发现，军队的心理治疗专家们创造了医学奇迹。战时有一种心理疾病称为“心理精神衰弱症”，也就是有些官兵因战场上的残酷经历而精神崩溃。面对这样一些人，军队医生给出的治疗方法就是让战士们保持忙碌，尤其是让那些精神受到打击的人每天保持忙碌状态，他们每天的行程就是打猎、打球、养花、钓鱼或跳舞等，由于一分钟都不停歇，所以战士们完全没时间去回忆那些恐惧的经历。

“工作疗法”这个新的名词诞生在近代，也就是心理医生主张用工作来治疗疾病。其实，这个方法并不是近代才出现的，早在耶稣诞生前500年，古希腊的医生就擅长用此类疗法了。

1774年的富兰克林时代，有个人去拜访费城教友会。当时，他参观教友会的疗养院，无意中发现许多精神病患者正围成一堆在纺纱织布，他非常震惊，当即忍不住说：“这些可怜的人，难道在这里还要充当劳动苦力吗？”教友会的人解释说：“我们发现这样做这些精神病患者的病情会好转一些，当他们在忙于某件事情，比如纺纱织布的时候，他们的神经可以安定下来。”

著名诗人亨利·朗费罗最好的朋友班尼先生说：“我必须让自己不停地工作，否则我的生活一定充满绝望和忧虑。”很快，朗费罗就通过亲身经历验证了这个道理。有一天，朗费罗的妻子点了一根蜡烛把信封的火漆熔掉，结果没想到不小心烧到了自己的衣服，妻子大声叫起来，朗费罗听到后急忙跑过去救火，但不幸的是，妻子最终还是因烧伤去世。朗费罗在很长的一段时间里都无法忘记这件悲伤的事情，难过得快要发了疯。但他还需要照顾家里三个年幼的孩子，承担起父亲和母亲的责任。平时，朗费罗要带孩子们去散步，讲故事给他们听，与孩子们一起做游戏。在与孩子相处的过程中，朗费罗创作了体现父子感情的诗歌《孩子们的时光》，还翻译了但丁的《神曲》。又要照顾孩子，又要工作，这让他几乎没有时间伤心，慢慢地，朗费罗恢复了平静，他也懂得了忙碌会让人忘记忧虑和悲伤。

许多人都有这样的感受，当我们每天忙碌工作的时候，似乎不会感觉到忧虑。但是，只要下班后，当我们有了闲暇的时间，忧虑就开始不知不觉地侵蚀我们了。当一个人不再忙碌，就会思考很多事情，比如自己在这个年纪获得了什么，工作也没有什么出色的地方，今天领导说的一句话是不是别有深意，自己是否已经开始秃顶了，等等。

深谙物理学的人都知道，在自然界中没有实际的真空状态。生活中理论上的真空状态也不过是将灯泡里的空气抽空而形成的，那是人们为了保护灯丝的行为。如果打破一个白炽灯泡，空气立即就会入侵。

同样的道理，当我们在空闲的时候，大脑往往会变空。一旦大脑空出来，立即就会有东西填充进去，其中大部分就是你的感觉。为什么会这样？因为人们的思想控制着自己的各种情绪，诸如忧虑、恐惧、憎恨、忌妒和羡慕等，这些情绪来得特别快速，会猛烈驱赶人们大脑中所有的理性思维。

哥伦比亚师范教育系的教授詹姆斯·穆谢尔曾说：“你最容易受到忧虑伤害的时候，不是在你开始一天工作的时候，而是在工作做完了之后。因为在那一刻，闲暇下来的你思想容易混乱，会无限放大曾经出现的一些错误。这时人的大脑就好像是一辆空车，毫无头绪地向前乱撞，直到自己被撕成碎片。你应该不让自己停歇下来，想办法去做一些有意义的事情，这就是摆脱忧虑的最好方法。”

第二次世界战时期，我曾从纽约前往密苏里农庄，在餐车上遇到了一位住在芝加哥的家庭主妇，她讲述了自己亲身经历的故事：

“我每天让自己不停地干活，去做一些有意义的事情，这样可以消除忧虑。在这之前，我每天都生活在忧虑之中，因为我唯一的儿子在珍珠港事件的第二天就加入了陆军。我每天都在忧虑他是否安全，思考他在什么地方，是否正在打仗，是否会受伤或者死亡。由于每天都在忧虑，我的身体也出现了一些问题。

“或许，你也在猜，我是如何改变现状的。我觉得不能再这样下去，我要做点事情，让自己忙碌起来。于是，我先是辞退了家里的佣人，希望通过多做家务事来麻痹自己。但是发现这并没有太多的作用，我忧虑到即便是做家务事也是毫无意识的，做任何事情都是机械的，当我在铺床和洗碗的时候，也在担忧儿子。家庭的工作不能使我消除忧虑，我可能要找一份新的工作才行。于是，我应聘到一家百货公司当售货员。

“我开始新工作了，像个陀螺似的不停地转动。每天都有数不清的顾客围绕着我，不断地问我价钱、尺码、颜色等。我每天忙碌着，简直没有一刻钟的闲暇。这样一直忙到晚上，躺在床上，我心中想的只是那双疼痛难忍的双脚。由于太过于疲惫，我很快就在床上睡着了，这让我完全没有时间和精力去忧虑。”

这位家庭主妇做到了让忙碌消除自己的忧虑。约翰·考伯尔·波斯曾在自己著作《忘记不快的艺术》中写道："舒适的安全感，内在的宁静，因快乐而反应迟钝的感觉，诸如此类都可以让人们专注于工作时精神镇静。"

奥莎·强生是著名的女冒险家，她16岁时与马丁·强生结婚，从卡萨斯州查那提镇到婆罗洲的原始森林，在25年的时间里，奥莎一直跟随着丈夫，他们在亚洲和非洲拍摄了许多有关濒危野生动物的影片，几乎周游了全世界。9年前，夫妇两人回到美国做旅行演讲，同时放映他们拍摄的电影。谁料，就在他们搭乘飞机由丹佛飞往西岸时，因所乘飞机撞山，马丁·强生不幸当场死亡，奥莎本人也遭受重伤。人们断言，悲剧之后的奥莎再也不能下床了。但是，出乎人们的意料之外，奥莎3个月后就坐着轮椅出现在人们面前继续发表言说。即便是坐着轮椅，她也做了100多次演讲。奥莎能够做到这一点是十分伟大的，她从忧虑与悲伤中解脱了出来。当我问她为什么要这样做时，奥莎说："我这样做，就是让自己没时间去忧虑和忧伤。"后来，奥莎写了自传《与冒险结缘》，我可以毫不犹豫地说，奥莎就是与冒险结缘的女人。

但丁曾说："让自己沉浸在工作里，不要挣扎在绝望中。"一个人若是闲坐着忧虑，而不忙着干活，就会生出许许多多的烦恼，达尔文称为"胡思乱想"，这些无端生出来的情绪就好像是妖魔，会让人们的思想放空，会摧毁人们的动力和意志力。

所以，你不妨紧张忙碌起来，这样身体的血液就会快速循环，思想也会异常敏锐。让自己保持紧张忙碌是世界上最便宜的一种药，当然，也是最好的一种。

深水下的顿悟

我们通常可以勇敢地面对生活中许多大的困难和挫折，却总是被一些小事情弄得十分沮丧。

罗伯特·摩尔，居住在新泽西州枫树林高地大街14号，曾经是一名海军。在海军服役之前，他是一家银行的小职员。当时，他为许多小事而烦恼：工作时间太漫长、没钱买房买车、没有钱给妻子买漂亮的衣服，甚至因为老板总是唠叨和骂人，所以罗伯特很讨厌上司。每天下班后，罗伯特感觉非常疲惫，经常还因为一些烦琐事情与妻子吵架。甚至，曾经因车祸带给自己额头上的疤痕，都可以让罗伯特闷闷不乐。不过，在他成为海军之后因为一些事情改变了他的看法，再不为一些小事情烦恼了。

1945年3月，包括罗伯特在内的88人在一艘潜水艇上服役。当时，潜水艇上的雷达监测到有一支日军舰队正朝着他们开来，于是，他们决定趁着黎明前黑暗的掩护，潜入水中对日军发动进攻。罗伯特用潜望镜看到了一艘驱逐护航舰，一艘游轮，一艘布雷舰，罗伯特与士兵们朝那艘驱逐舰发射了三枚鱼雷，却由于线路的问题，并没有成功击中对方。而日军的驱逐舰依然继续向前航行，忽然，那艘布雷舰直接朝着罗伯特和士兵们所在的位置开了过来。后来，他们才知道，原来是一架日本飞机发现了水下60英尺的他们，并用无线电将他们的位置告诉了驱逐舰。

眼看着布雷舰缓缓过来，为了防止被监测到，罗伯特所在的潜艇马上潜伏到深达150英尺的水下，同时关闭电扇、冷却系统和全部的发动机，使潜艇处于完全静音模式，而且做好了应付深水炸弹的准备。

3分钟后，6枚深水炸弹在罗伯特所在的潜艇周围炸开，糟糕的是，炸弹的威力使潜艇再次下潜276英尺。罗伯特和士兵们都吓坏了，因为当时大于500英尺的深潜几乎是致命的。他们恰恰是在刚超过500英尺的地方遭受攻击，从安全角度而言，他们如同在很浅的水下遭受了攻击。在连续15个小时里，日军不断地投掷深水炸弹，其中有几十枚炸弹就在距离潜艇50英尺左右的地方爆炸，但凡有一个炸弹在距潜艇17英尺附近爆炸，潜艇就有可能被炸出一个窟窿来。

罗伯特和士兵们奉命安静地躺在自己的床上，他们被吓得喘不过气来，不断地对自己说："这下肯定完了……"尽管潜水艇里的风扇和冷却系统都关闭了，舱内温度很高，而且罗伯特还穿了毛衣和毛里的夹克衫，但他还是害怕得瑟瑟发抖，脸上冒出一阵阵冷汗。罗伯特觉得这15个小时是漫长的，感觉有1500万年那么长。他开始胡思乱想，感觉死神正一步步逼近，他想到自己小时候做过的全部捣蛋事，以及曾经忧虑过的一些琐碎小事。

在自己快与死神接触的时候，罗伯特觉得那些当时的烦心事情原来并不那么重要，在死神面前，它们显得无关紧要，甚至不值一提。所以，罗伯特开始发誓，假如自己可以活着看见太阳和星星，他将永远不会再忧虑，绝对不会！绝对不会！

漫长的15个小时终于过去了，那艘布雷舰似乎是用光了全部的炸弹后开走了。而潜艇安然无恙，当然，罗伯特也兑现了自己的承诺，再也没有为一些小事情而烦恼过。

无谓的琐事

哈瑞·爱默生·傅斯狄克博士曾讲述过这样一个故事。

在科罗拉多州的一座山坡上，有一棵四百多岁的大树。它刚刚发芽时，哥伦布在美洲登陆，等到它长大时，第一批移民到了美国。400多年来，它遭受了风吹雨淋，曾经被闪电击中过14次，渡过了无数的危险，但它依然矗立着，没有倒下。后来，来了一群不知名的小甲虫，这些甲虫从大树的根部咬起，慢慢钻到里面，一点一点侵蚀大树的元气。就这样，一群小甲虫竟然把大树击倒了。那些不起眼的小甲虫，人们用手指就可以将它们捏死。而那棵大树，无情的岁月、闪电暴雨都没有将它击倒，结果却败在了一群不起眼的小甲虫手里。如今，那棵曾经坚强的大树静静地躺在那里，只剩下残躯。

2400年前，克里斯曾说："来吧，各位！小事把我们耽搁得太久了。"确实，人们何曾不像那棵历经风雨的大树呢。即便我们经受得住风雨和雷电的袭击，但往往会被不经意的小虫侵蚀，最终败给那些微不足道的小麻烦。

拜德上将驻扎在南极营地，他曾说："我们常常需要在黑暗寒冷的极地夜晚工作，队员们所面临的是危险而艰苦的环境，但他们常常可以忍受煎熬，且毫无怨言，即便在零下80度也可以坚持工作。但这群经受得住大事的人们，却经常为了一些生活小事而不开心。一些同事住在同一间屋子也不聊天，有的人觉得同事乱放东西，把自己的空间侵占了。有的人在吃饭时很慢，每吃一口东西要咀嚼28次才吞咽下去，有的人吃饭特别快，所以他就躲着那位吃饭慢的同事。在这样的环境里，即便工作再能干的人也经常会被这样的小事情弄得崩溃，这样的琐事经常发生，人们会感觉世界都塌了。"

约瑟夫·沙巴士说："婚姻之所以不幸福，通常都是因为一些琐事。"他曾经是芝加哥的法官，仲裁过4万多件失败的婚姻案件。

另一位在纽约州担任地方检察官的法兰克·荷根也说："在我们所调查的刑事案件里，真正天性残忍的人不多，大部分的人犯罪都是因一些小事情，比如在酒吧里喜欢强出头，为小事争执，说话不好听，行为粗鲁无礼，这些小事往往会导致谋杀等刑事案件。甚至许多人犯下大罪，往往只是因为他的自尊心受到了伤害，或被侮辱，或是虚荣心无法满足。"

众所周知，法律上有一句名言："法律不管小事。"我们若是想寻求心里的平静，就不需要为小事情而烦恼。

我有一位朋友住在芝加哥，他的妻子是那种容易为小事情生气的人。有一次，我被邀请去他家里吃饭，他在分菜时没有注意到细节。结果他妻子当即大声嚷嚷起来："约翰，看看你都做了什么，难道你连分菜这样的小事情也做不好吗？你看你总是在犯错，什么事情都不肯用心。"我有些惊讶，分菜的细节我一点儿也没注意，即便我注意到了，我也不会在意的，因为这完全是一件小事啊。或许我的朋友做事是不够认真，不过他可真能忍耐，跟这样一个喜欢为小事生气的妻子，竟然一起生活了20年。对我来说，我不喜欢对小事很在意的人，我宁愿自己安静地吃两个抹上芥末的热狗，因为这样会比较舒服。

无独有偶，没过多久，我的妻子给我讲述了一件事："上次我们邀请几个朋友来家里吃饭，眼看快吃饭的时候，我突然发现有三条餐巾的颜色与桌布不相配。我急忙跑进厨房，结果发现颜色相配的那三条餐巾送去清洗了。这时客人已经到了家门口，我没有时间去找与桌布相配的餐巾了。我着急得快哭了，但又能怎么办呢，难道我要让这件小事情毁掉晚餐吗？还不如好好享受这顿难得的晚餐，我决定不再关注这件事情。事情最坏的结果不过是朋友会认为我是一个懒惰的家庭主妇，但这总好过因在意餐巾而无法享受晚餐。最后，我发现，其实朋友们根本没注意餐巾的问题。"

当我们想要摆脱小事情带来的烦恼时，我们不如把视线转移一下，这样我们就会换个角度看问题了。

荷马·克罗伊是一个高产的作家，他住在纽约公寓时，经常被热水灯的声音吵得心情烦躁，听着那蒸汽砰砰响声，紧接着是一阵噪音，而这声音吵得他无法安心写作。后来，荷马·克罗伊和朋友一起出去露营，当那点燃的木柴烧得啪啪作响时，他觉得这声音听起来特别熟悉，就好像公寓里热水灯的声音，但此刻他却全然不觉得烦躁。于是，他转念一想，这声音跟热水灯的声音差不多，既然不讨厌木柴点燃的爆裂声，那就不要再为热水灯的噪音心烦了。果然，这样一想，荷马·克罗伊就不再注意热水灯的声音了，甚至全然忘记了这件事。一个小小的声音有什么问题，都是因为人们过分夸大了其对自己的影响，所以才把人的精神搞得崩溃。

《吉布林在维尔蒙的领地》一书记录了这有一个故事：吉布林在维尔蒙的布拉陀布罗修建了一栋非常漂亮的房子，因为他娶了当地的女孩子凯格琳·巴里斯特。夫妻俩准备在那里定居，度过余下的人生。凯格琳的舅舅比提·巴里斯特成为了吉布林很好的朋友，他们经常一起游戏和工作。

吉布林从巴里斯特手里购买了一块土地，并允许巴里斯特每个季度在那块土地上割草。有一天，吉布林在那片草地上修建了一个花园，这事情让巴里斯特非常生气，他当即指责吉布林，而吉布林也当场反击，两个人的关系变得异常紧张。

几天之后，吉布林骑着自行车出去玩，巴里斯特则架着一辆马车从道路的一边忽然冲了过来，由于躲闪不及时，吉布林从车子上摔了下去，他非常生气，当即将这件事上告法庭，要求将巴里斯特抓起来。这在维尔蒙成了一场非常热闹且有名的官司，许多来自大城市的记者把小镇挤得水泄不通。最后，由于这件事闹得很厉害，吉布林只得带着妻子离开美国的家。然而，事情的起因，只不过是一块小小的草地。

安德烈·摩瑞斯在《本周杂志》里说："我们经常会为一些小事情烦恼……其实人生如此短暂，逝去的时光也不会重来，所以完全不值得为一些小事情烦恼。相反，我们应该去做值得做的事情，去体会真实的感情，去做有意义的事情。”

保险公司的赌博

伦敦的罗艾德是世界著名的保险公司，他们通常会与自己的客户打赌，表示客户们所担心发生的事情是不容易发生的，当然，这并不是真的在打赌，而是他们公司的产品——保险，它在某种程度上就是一种基于概率的赌博。罗艾德公司已经有200多年的历史，只要人们依然担忧即将发生的不幸事情，那这家公司的历史就可以至少再延续500年。过去，罗艾德公司利用人们对未来生活的担忧赚了很多很多的钱，未来，这家公司将会赚取更多的利润。

据说诸如像葛底斯堡战役如此悲惨的大仗每5年就会发生一次，当人们知道这个定律的时候，会非常担心自己的生命，马上去为自己的人寿保险加保，甚至还写好了遗嘱。人们都猜想自己熬不过这次战争了，那么在剩下的时间里不如好好享受生活吧。其实，按照大概率而言，葛底斯堡战役16.3万士兵中每1000个人里的死亡人数，和每1000个人在50岁到55岁之间死亡的人数一样。

这个世界上有八分之一的人有可能因癌症而死，假如你总是担心发生一些事情，那也是担忧自己是否会患上癌症，而不是像小时候所担心的害怕被闪电劈死，或者被活埋，这些担忧是毫无根据的。但是其实有许多成年人每天就是在担忧诸如此类荒谬的事情。与其每天在忧虑，不如按照概率来判断我们的忧虑是否值得，这样可以减少90%的忧虑，最后我们就可以停止忧虑了。

曾经有一段童年时光，我生活在密苏里州的一个农场里。那个时候我总是每天都在忧虑，当我在犁田的时候，我往往需要花好几个小时来思考这些问题：我忧虑在暴风雨的夜里被闪电劈死，担心饿死在艰难的日子里，担心自己死后被判下地狱；担心詹姆·怀特那个大孩子像他吓唬我说的一样，把我的一对耳朵割下来；我担心自己像女孩脱帽鞠躬时被嘲笑；担心长大后娶不到妻子。我幻想着自己长大后在乡下的一间教堂里举行婚礼，然后坐着一辆顶棚垂下流苏的马车回家，但是，结婚后面对妻子的第一句话应该说什么呢？在坐着马车回家的路途中，我又该说些什么，才能让我和新婚的妻子不那么尴尬呢？面对这些问题，我应该怎么办呢？有一天，我正在帮妈妈摘樱桃时，却忽然哭了起来。妈妈问我："孩子，你怎么了？"我一边流泪一边说："我担心自己会被活埋。"

尽管我一直担忧，但日子就这样慢慢过去了，后来我发现那些自己曾经担忧的事情，99%根本不会发生。这真是一件可笑的事情，以前我竟然会因为担忧这样的事情而哭泣。尽管我曾经非常担心伴随暴风雨的闪电，但是现在知道了，不管在哪一年，我被闪电击中的概率大概只有几千万分之一。曾经我也担心自己被活埋，这更是匪夷所思，说到底我的担忧完全是在自寻烦恼。

奇妙的概率

詹姆·格兰特曾是纽约富兰克林市场格兰特批发公司的大商人，他几乎每次都要从佛罗里达州买10~15车橘子，这是一场有风险的运输，所以他总是担忧很多问题，例如担心车子在半路出事，担心橘子丢了，担心车子在过桥时桥垮塌了。而且，橘子都是有保质期的，詹姆·格兰特还担心橘子没有按时送到而导致无法畅销，他因为太焦虑而患上了胃溃疡，医生告诉他，这不是什么病，只是太担忧引起的。直到这时他才开始回想自己担忧的事情，是否真的会发生。自己过去这么多年运输过的橘子大概有2.5万车，这么多年出过事情的车子只有5部左右，如果按照概率计算，这个概率是相当小的，也就是1/5000。那么，按照曾经的经验计算概率，橘子在运输过程中出车祸的概率是1/5000，那就表示他担心的事情根本不会发生。那么，桥塌事故的概率呢？过去几乎没有一部车子因为桥塌而损失。所以，为了一座根本不会塌的桥，为了1/5000的出事概率，竟然焦虑到胃溃疡了，这简直太愚蠢了。詹姆·格兰特当即决定以后要用概率来计算事件发生的可能性，让自己不再焦虑，那么，就不会再患上胃溃疡了。

1944年6月初，佛莱德雷·马克斯塔特正在999信号连服役，他们刚刚抵达诺曼底。当时，他躺在奥玛哈海滩附近的一个散兵坑里，看着周围那个长方形的散兵坑，感觉这真像是一座坟墓，甚至开始幻想这或许就是自己的葬身之地。等到晚上11点，德军的轰炸机扔了许多炸弹下来，佛莱德雷·马克斯塔特吓得不敢动弹。他在前三天几乎完全无法入睡，等到了第五天夜里，他的精神接近崩溃了。他知道自己若不做点什么的话，肯定会疯掉的。他开始认真想自己为什么担忧。不是已经过去了几个夜晚了吗，自己依然活得好好的，甚至自己所在的组的人都活着，只有两个队员因他们自己的高射炮弹片击中而受了轻伤，这并不是被德军炸弹扎伤的。佛莱德雷·马克斯塔特开始转变思维，他在散兵坑上搭了一个很厚的木头屋顶，这样自己就被保护在其中而不至于被碎炮弹片击中，这可以在某种程度上减轻焦虑。他开始想，如果自己真的要死在这个又深又窄的散兵坑里，那就是被炸弹击中的后果。再计算一下被击中的几率可能只有1/10000，这样想了之后心里就慢慢平静下来了。到后来就算天上有敌机来袭，他在散兵坑里依然能安然入睡。

其实，美国海军也经常惯用此类方法，即用概率统计的数字去激励士兵的士气。住在明尼苏达州保罗市的克莱德·马斯曾经在海军部队服役，有一次，他跟队友被派往一艘装运高单位汽油的油轮，因为担心油轮被鱼雷击中，他们感到异常恐惧。面对这样的情况，美国海军就会通过概率计算击中的几率，比如有100艘油轮被鱼雷击中，差不多只有40艘才会真正沉下去，而只有大概5艘才会在五分钟内沉没，有的油轮根本不会沉到海底。这样一来，即便油轮沉没了，也有时间跳下船，可以说在船上死亡的可能性是很小的。当知道这些事实之后，克莱德·马斯就完全不担心了，他的队友们也开始平静下来，毕竟根据事实得出的概率，他们并没有什么危险。

有一年夏天，我在加拿大落基山区里弓湖的岸边偶然遇到了何伯特·沙吉林夫妇。沙吉林太太给我留下了深刻的印象，因为她看上去总是那么乐观，好像从来没有忧虑过。晚上在闲聊过程中，沙吉林太太讲述了自己战胜忧虑的故事：

“我曾经非常烦恼，生活也差点因此而毁了。我曾经沉浸在烦恼中11年，那段时间真的是在自寻烦恼。我脾气很差，容易生气，情绪时刻在紧绷之中。几乎每周我都要从圣马提奥的家乘坐公共汽车到旧金山购物。即便在超市买东西时，我也非常担心，我担心家里的电熨斗忘在熨衣板上，担心房子失火了，担心佣人们跑了家里只剩下孩子，担心孩子们骑着自行车出去被汽车撞了。我只要一想到这些事情就会特别害怕，不能继续买东西，而只能坐上公共汽车回家，看家里的一切是否都安好。因为我这种喜欢担心的性格，第一次婚姻也因此毁了。

“我第二任丈夫，他是一个性格温和的律师，遇到事情总会认真分析，我从来没有看见他忧虑过。每当看到我想要忧虑的时候，他就会告诉我：‘别担心，我们可以好好分析一下，你真正担忧的事情是什么？我们看这件事情到底会不会发生。’有一次，我和丈夫从新墨西哥州的阿布库基开车到卡世白洞窟去。在经过一条土路时遭遇了恐怖的暴风雨。我们无法控制，车子开始打滑，我甚至担心它滑到路边的沟里去，但是丈夫却很平静地说：‘我现在开得很慢，不会发生什么事情。哪怕车子真的滑到沟里，我们也不会受伤。’丈夫看上去特别镇定和自信，我也慢慢平静了下来。

“还有一年夏天，我和丈夫在洛杉矶区托昆谷野营，当时我们把营帐设在海拔7000英尺高的地方。晚上起了一阵意外的暴风雨，狂风肆虐着我们的帐篷，到处都是可怕的声音，我真担心帐篷会被吹走，我真的吓坏了。丈夫安慰我说：‘亲爱的，别担心，有好几个印第安向导非常清楚这里的环境，他们在这里已经工作60年了。这么多年，帐篷一直在使用，从来没有出现过帐篷被吹走的事情。根据这样的概率，我们的帐篷今天晚上也是安全的。即便我们的帐篷被吹走了，还可以躲到其他帐篷里，所以你有什么好担心的啊。’听到这样的话，我终于平静下来了，在这样的暴风雨夜晚依然睡着了。

“根据平均概率，根本不会发生这样的事情。这是丈夫经常对我说的一句话，你应该知道吧，在加利福尼亚州曾经流行一阵小儿麻痹症，我听到这样的消息就非常惊慌。丈夫让我保持镇定，说我们可以采取一些方法来预防，比如尽可能不让孩子到公共场所去，也不要去学校，不去看电影。后来，我们从卫生署那边得到消息，到目前为止，哪怕是最严重的一次小儿麻痹症流行时，在整个加利福尼亚州也只有1835个孩子被感染，若在平时，感染的人数在200~300人之间。这些数字听起来挺严重，可通过分析概率，一个孩子被感染的几率还是很小的。正因为我丈夫擅长分析概率，之后20多年的生活我摆脱了至少90%的忧虑，我开始重新享受美好而平静的生活。这完全是我以前不曾想到的生活。”

听了沙吉林太太的故事，我陷入了思考之中，想起曾经过去几十年的生活，发现大部分的忧虑都是想象而来的。事实上，不止我一个人会有这样的想法。

埃尔·史密斯曾担任纽约州州长，他是一位非常智慧的人。面对别人的质疑，他经常会摆出一些事实。当有政敌攻击他，埃尔·史密斯就会说："不如让我们查一下记录吧……那些过去的记录。"他总是力图用事实来说服对方，这样就会减轻很多忧虑。那么，当我们感到忧虑的时候，也可以多看看事实和曾经的记录，就会分析出那些事情是否值得忧虑。

及时改掉焦虑的习惯，要赶在焦虑摧毁自己之前。根据事实概率计算事情发生的可能性，同时接受不能改变的现实，坦然接受现状，就好像杨柳经受风雨，水适应所有的容器，勇敢接受现实。

像水一样适应一切容器

荷兰首都阿姆斯特丹一座15世纪老教堂的废墟上刻着一句话："事情如此，就不会是其他。"这句话常常回响在我的脑海里。无独有偶，威廉·詹姆斯是我最崇敬的哲学家，他曾经说过一句话："要心甘情愿地接受现实，这样才是克服所有不幸遭遇的第一步。"

每个人在漫长人生中总会遇到许多不开心的事情，既然事情已经发生了，也就无法改变了。我们可以做出的选择就是接受既定现实，如果总是为此忧虑，那总有一天会精神崩溃，而且人生也会被毁掉。

显而易见，我们对周围环境的反应才是决定快乐与否的关键，而并非环境本身。

每个人潜在的力量是强大的，或许我们都以为自己没办法做到，但其实只要善于挖掘，就一定可以克服一切困难，在必要时可以战胜挫折和苦难。

已故的布斯·塔金顿生前曾说："我可以接受人生中的一切事情，除了失明，我永远没办法接受自己成为一个盲人。"

步入60岁的布斯·塔金顿遇到了人生无法接受的事情，他慢慢觉得自己看不清地毯的颜色和花纹了。从眼科专家那里得知了不幸的消息，自己的视力正在慢慢减弱，其中一只眼睛已经完全失明，另一只也接近失明。面对这件曾经最不能忍受的事情，塔金顿并未觉得失去了人生所有的希望，他看上去没有想象中那么沮丧，反而心情愉快。在眼睛接近失明的那段时间里，他一开始对黑色的阴影感到不习惯，因为那些黑影的遮盖，让他看不见东西。最后，黑影的面积越来越大，塔金顿却能够以轻松的口气调侃，阴影老爷造访如此好的天气，不知道又将去哪里。

当塔金顿失明之后，他发现自己接受了曾经最难以忍受的事情，就好像人们接受那些无法避免的事情一样。无论他是否可以看得到，他依然可以在思想里看生活。

当然，塔金顿面对了很多事情。他一年接受了12次手术，希望能恢复视力，这是不得不面对的，只有愉快地接受事实，才能摆脱忧虑。他和其他病人一起住在大病房里，拒绝住在私人病房里。不仅他自己心情愉快，还将快乐传递给其他人。即便面对每一次的手术，他都感觉是幸运的，毕竟现代科学这样发达，连眼睛如此小的器官都可以动手术，那自己就是幸运的，生活依然是美好的。

富尔顿曾说："失明并不可怕，可怕的是你无法忍受失明。"在经历了至少12次手术和黑暗日子的塔金顿深深领悟了这句话，如果换成其他人，遇到这样的事早就精神崩溃了。但塔金顿却觉得可以接受，他甚至不愿意用这样的经历去换一些更快乐的事情。通过人生的那些经历，塔金顿接受生命的一切安排，接受现实，什么都是可以支撑下去的。

伊丽莎白·康黎住在俄勒冈州波特南，她曾经给我讲述了一个故事：

"在那件事情发生之前，我的生活总是快乐的。我自己有一份满意的工作，一手带大的侄子参军去了，我常常在他身上看到许多年轻人美好的品质。我感到非常幸福，觉得付出有所回报。

"那是美国庆祝陆军在北非取得胜利那天，我收到了来自国防部的电报，得知我最亲爱的侄子在战场失踪了。没几天，我又收到电报说侄子牺牲了。我非常难过，感觉世界坍塌了，甚至失去了活下去的勇气。为什么那么可爱的年轻人会死掉？为什么他还没开始享受生活就终结了人生？我根本接受不了现实，开始怨恨生活，对一切事情都很冷漠，太过悲伤的我决定辞职，离开家乡，每天沉浸在悲伤和泪水之中。

“我开始收拾东西准备辞职，却发现了一封侄子曾经写给我的信，那是我母亲刚去世时，侄子写给我的。侄子在信中安慰我说会一直想念逝去的母亲，但是他相信我的乐观可以度过那段难过的时间，一定可以坚强地去面对。他感谢我曾经教会他的真理，表示永远会铭记在心，不管他在哪里，不管他距离我多远，他都会铭记我曾经带给他的快乐，他会一直像男子汉一样勇敢地去面对生活中的一切。我又把这封信仔细看了几遍，好像侄子正站在我面前说这些话，他好像正在告诉我，为什么不按照曾经我教给他的那些道理去做呢？哪怕发生了再大的事情，都要勇敢面对，笑着活下去。

“似乎从侄子的信中找到了活下去的力量，我决定不辞职，每天怀着热情生活。因为事情已经发生了，而且是没办法改变的事情，那我就像侄子在信中所写的那样坚强活下去。我花了所有时间和精力去认真工作，还写信去慰问前线的士兵，那些别人的孩子。我找到了新的事情，就是每天晚上去成人教育班上课，还结识了新的朋友。不知不觉间，我整个人开始发生了变化，我过上了侄子所期待的生活，已经不再难过了，我感觉现在所过的每一天都是快乐的。”

经历了那么多悲伤的日子，伊丽莎白·康黎明白了生活真理。那就是必须接受那些无法改变的事实，这是每个人迟早都要学到的事情。做到这一点很难，即便许多伟人也常提醒自己。叔本华曾说：“在踏上人生旅途时，你要做的最重要的一件事就是顺从。”已故的乔治五世在白金汉宫的墙上刻下了这几句话：

“不要为月亮哭泣，也不要为什么事而后悔。”

童年的我曾经因扯断了左手食指而担心自己会死掉，事实上，担心是多余的，我慢慢地接受了事实。那是我和朋友们在密苏里州一间破旧的老木屋阁楼里玩耍，当我爬下阁楼从窗栏往下跳时，一枚钉子挂住并扯断了我的左手食指。我起初非常恐惧，担心自己因此而死掉，但没过多久我就忘记了，以后再也没担心过这件事。

我很早就明白这个道理，因为有切身的体会。有一次，我遇到了一件无法改变的事情，我很愚蠢地以拒绝接受来面对它，结果我为此非常痛苦，失眠了好几个夜晚。越想越忧虑，甚至想起了许多不愿意想起的事情。经过一年的痛苦挣扎之后，我终于接受了现实，接受了那些早就知道的完全不可避免的现实。或许一些现状会让人想放弃，想反抗，想悲伤，但既然无法改变事实，那就改变自己。

做一棵不会被压垮的常青树

这么多年，我的脑海里总是浮现惠特曼的几句诗：

一定要像树木和动物那样，

独自去面对黑暗和风雨，

去面对饥饿与意外和挫折。

在这个世界上，动物们总是可以坦然接受周围的一切，不管是黑夜、饥饿，还是寒冷。对它们来说，因忧虑而罹患胃溃疡这件事几乎不会发生。曾经我放了12年的牛，从来没看到一头母牛会发脾气，不管是草地干枯了，还是天气特别冷，或者是被公牛追求。

只有宿命论者才会向挫折下跪，我们就应该无所畏惧，不论发生什么事情，只要有一线的机会，就要努力改变。很多时候，既然已经发生了无法避免的情况，那最好的办法就是保持平静，不自找烦恼。

已故的哥伦比亚大学校长郝基斯将自己写的一首打油诗当作座右铭：

人间疾病多，数也数不清。

有的可以治，有的救不好。

如果还有救，就该把药找。

要是没法治，干脆就忘掉。

19世纪以前的罗马哲学家依匹托塔士曾说："不要为无法做到的事情忧虑。"亨利·福特也说："假如我凭自己的能力没办法解决遇到的难题，那就会让它们自己解决。"

莎拉·伯恩哈特在过去50年来一直是四大州剧院里最受观众喜爱的一位女演员，但是，在她71岁时却破产了，更糟糕的是，当她乘船横渡大西洋时遭遇强烈暴风雨，她摔倒在甲板上，腿伤异常严重，为此患了静脉炎、腿痉挛。医生给了最后的判决："你的双腿必须锯掉。"听到这样的话，伯恩哈特只是沉默了几分钟，就坦然地说："那就只能这样，假如必须这样做的话。"

当她即将被推进手术室的时候，拉着她手的儿子先哭了，她却不以为然地开着玩笑："我很快就回来了，你别离开。"在去手术的路途中，伯恩哈特嘴里一直念着曾经演出时的一句台词，如果你认为她这是为了缓解自己内心的担忧才这样做，那就大错特错了。她觉得医生和护士才是承受压力最大的人，她这样做的目的就是让他们放松。莎拉·伯恩哈特恢复健康后继续环游世界，在之后的七年里依然受到观众的喜爱。

索尔西·麦克密克在《读者文摘》一篇文章里这样写道："对那些不可避免的事实，只要我们不再反抗，我们就能有精力去创造更丰富多彩的生活。"

面对无法改变的事实，人们只能作出选择，要么投降，要么战胜它，因为每个人都没有那么多的感情和精力去抵抗，又创造出新生活。

日本的柔道老师经常对学生们说："要像柳条那样柔韧，不要像橡树那样坚挺。"

据我所知，北方的树木是非常富有智慧的，我曾多次去加拿大，那里的常青森林可以连绵几百英里，面对冰雪，柏树和松树会弯下腰肢，适应重压，所以没有一棵树被压断。我曾在密苏里州的农场里种植了许多树，那是一片生机勃勃的绿林，但是一场突如其来的暴风雪带来了灾难，一棵棵树在积雪的重压之下依然坚挺，最后因折断而丧失生机。

人生旅途中，假如我们可以适应路途中一切的荆棘和坎坷，那就能够更长远更自如地度过人生，这跟轮胎的原理是一样的。

你知道汽车轮胎可以承受颠簸，长时间在路上奔跑的原理吗？其实，汽车制造商最初只是希望制造出的轮胎可以抵抗路面的冲击，结果轮胎却因此破裂了。于是，汽车制造商换了另外的角度，制造出一种可以承受路面冲击的轮胎，这样的轮胎就是耐压耐用的。

面对既已发生的事实，假如我们不去顺应而是抵抗，退回到自己想象的世界里，那产生的后果就是身心疲累，会忧虑、紧张、焦躁不安，甚至精神崩溃。

战争时期，担忧的士兵们只有两个选择，要么因忧虑而崩溃，要么接受那些无法改变的现实。

威廉·卡塞留斯以前是专卖饼干的杂货店店员，在他加入海岸防卫队之后，就被派往大西洋码头管理炸药库。想着自己要管理上万吨的炸药，他神经都绷紧了。接受了两天的训练后，他的恐惧感更强了。

卡塞留斯一直记着自己第一次执行任务时的情景，那简直永生难忘。那天特别寒冷，还有浓雾。他奉命到新泽西州的卡文角露码头，负责船上第五号舱的装卸工作，随行的工人尽管看起来非常强壮，但一点儿也不懂炸药。工人们把0.9~1.8吨重的炸药装卸到船上，而几乎每个炸弹都可以将那只旧船炸得稀烂。卡塞留斯感到非常恐惧，全身发抖，嘴里发干，腿都是软的，尤其是当他看到两条铁索吊着炸弹时，他的心几乎要跳了出来，假如有一条铁索滑了或是断了，那将是多么严重的后果。但是，自己能这样逃跑吗？当然不能，如果自己逃了，他和父母都会因此丢脸的，而且他极有可能因逃跑而被枪毙。卡塞留斯当然不能逃跑，只能留在这里。那些工人依然很轻松地将炸弹搬来搬去，而他则担忧自己随时可能死掉。在这样忧虑了一个小时之后，卡塞留斯开始安慰自己，最坏的结果也不过是自己被炸死，既然死了也不会有感觉了，反而比癌症更痛快。别总是想得那么愚蠢，毕竟人不可能一直活着，这些工作是无法回避的，还不如轻轻松松地干活。就这样，卡塞留斯劝了自己几个小时，反而感觉异常轻松，最后战胜了忧虑和恐惧，接受了事实。

卡塞留斯永远没办法忘记这段经历，以后的日子里，每当发生一些无法避免的事情让他感到忧虑的时候，他总是对自己说："忘记吧。"

公元前399年，有这样一句真理之言："轻松地去承受必定会出现的事情。"但如今看来，现代人比古代人更需要这句话。

挫折是人生的必修课

所谓思想造就生活，生活是否快乐，根本上在于人们对世间的看法。

我在几年前参加一个广播节目，被问到我曾经学过的最重要的一课是什么。

对我来说很简单，我最重要的一课就是意识到思想的重要性。假如想了解自己是一个什么样的人，只需要了解自己在想些什么。思想塑造出每个人的特性，我们的心态决定我们的命运。

马尔卡斯·阿里留斯曾经统治罗马帝国，同时他也是伟大的哲学家，他曾说："思想决定生活。"可以说，这句话可以改变你的命运。现在，我很清楚地了解自己必须要面对的最重要的问题，就是怎样选择正确的思想。假如我们可以选择正确的思想，一切的问题都能够迎刃而解。

假如我们总想难过的事情，那么我们就会不快乐；假如我们总是想恐惧的事情，我们就会害怕；如果我们总有消极的想法，我们就没办法平静下来；假如我们总是害怕受挫，那我们就会失败；假如我们总是可怜自己，那么所有人最终都会离开我们。

那么，我们是否需要以乐观的态度去面对一切挫折。当然不，生活是比较复杂的。不过我希望人们依然要以积极而不是消极的态度去面对生活。简而言之，我们必须高度重视自己的问题，但不要焦虑。重视和忧虑还是有区别的，我说得更仔细一些，每当我走在拥挤的纽约街道上的时候，我很重视当下的事情，但我并不忧虑。忧虑只会让人精神紧张直至崩溃，关心问题就是要找到问题，然后再找方法去解决。

每个人都能够关心当下的问题，但同时也要抬头挺胸地行走在街上，买一朵鲜花插在衣襟上。

罗维尔·汤马斯就是这样的人，他在最困难的时候，依然每天早上出门之前买一朵鲜花插在衣襟上，然后抬头挺胸走在大街上。汤马斯曾主演一部关于艾伦贝和劳伦斯在第一次世界大战中出征的著名影片，当时，他在电影中穿插了"巴勒斯坦的艾伦贝与阿拉伯的劳伦斯”的演讲在世界引起了轰动。

汤马斯在伦敦赢得成功后，到许多国家进行巡讲。后来，他打算用两年时间拍一部记录印度和阿富汗的影片。但是，他竟然破产了。那时他拮据到不得不去街头小店吃便宜的饭。这还是靠一些朋友借给他的钱。但就是在这个时候，汤马斯依然很重视当下的环境，也并不焦虑。他很清楚，假如自己被挫折打倒，那在别人眼里就毫无价值了。所以，他每天都会把鲜花插在衣襟上，昂头走路。对汤马斯来说，挫折只是人生的一个过程，是登上高峰的必经之路。

思想的魔力

哈德菲是英国著名的心理学家，他的著作《力量心理学》仅有54页，却有很深远的影响。他在书里写道：“我请来三个人，做生理受心理影响的实验。我们以握力计来度量，让三个人在三种不同的情况下，用力抓紧握力计。一般在头脑清醒的状态下，他们的平均握力是101磅。第二次实验时要将他们催眠，并告诉他们，他们十分的虚弱。经实验，他们的握力尚达不到正常力量的三分之一，仅有29磅。紧接着进行第三次实验，在催眠后，我暗示他们身体十分强壮，他们握力竟然达到了142磅，几乎增加了50%。”在这本书里，哈德菲描述了惊人的精神状态，可以说，我们的精神状态对自己的身体和能力有难以置信的影响力。

我还可以给你们讲一个故事，以此证明思想的巨大魔力。

玛丽·贝克·艾迪的首任丈夫在婚后不久就去世了；第二任，丈夫与一位已婚妇人私奔了，最后死在了贫民收容所里。由于贫病交加，艾迪不得不将4岁的儿子送给别人，并且在后来的31年里，再也没得到过儿子的消息。

尽管艾迪身体健康状态不太好，但她对所谓的“信心治疗法”非常感兴趣。有一天，天气异常寒冷，艾迪走在城市的一条街上，忽然被一样东西绊倒在结冰的路面上，顿时昏了过去。在医院，医生发现艾迪的脊椎受了严重的伤，而且还在不断痉挛，医生认为艾迪再也没办法行走了，除非出现奇迹。

这时躺在床上的艾迪打开一本书，正好看到一个小故事：一个瘫子被别人用担架抬着来到了耶稣面前，耶稣对瘫子说：“小子，起来，拿着你的褥子回家去吧。放心吧，你的罪被赦了。”那人就站起来，回家去了。看完这几句话，有一种非常大的力量和信仰促使着她：马上下床，开始行走。

此刻，艾迪的生命发生了戏剧性变化。她这样形容难忘的经历：“就好像树上掉落的苹果触发了牛顿的灵感一样。”艾迪明白自己好起来的原因，她甚至自信地说，所有都在于自己的思想，而它能够影响一切。

艾迪后来创立了信心疗法，虽然她曾有痛苦的过去，但她终于熬过去了。

在成年后，我开始相信思想产生的力量。尤其在从事35年的成人教育之后，我开始了解到这样一个真理：每个人只需要改变自己的想法，就能消除忧虑、恐惧以及多种疾病，就能改变生活。

其实，我还可以讲述一个故事，以此证明思想的力量，真的会给我们带来难以置信的转变。

一位学生因忧虑而差点精神崩溃，他担心所有事情：他太瘦了，他感觉自己在脱发；他担心因为穷而没办法娶到妻子；他认为自己永远没办法成为一个好父亲；担心失去喜欢的女孩；担心给对方留下糟糕的印象……所有的都担心使他再也没办法工作。不得已辞职后，他内心非常紧张，所遭受的压力到了难以承受的状况，就好像一个锅炉丢了安全阀，最后出事了。

他的精神已经接近崩溃边缘，家人也没办法与他交流。他抑制不住自己的思想，内心非常恐惧，只要有一点响动就会跳起来。他整日躲在家里，常常莫名哭泣，谁也不想见。终日生活在痛苦中，好像自己被所有人抛弃了，他甚至想跳进河里自杀。他开始想换个环境，坐火车去佛罗里达州旅游，离别之前收到了父亲的一封信，并要求他在到了佛罗里达之后再打开看。当时佛罗里达正是旅游高峰期，旅馆已经客满，他只得在一家汽车旅馆租了一间房。他本来打算在迈阿密一艘不定期出航的货船上找一份工作，但没有找到，所以他只能每天在海滩上游荡。这样的日子比待在家里还难过，这时他想到了父亲的信，当即拆开看父亲到底写了什么。

父亲是这样写的："儿子，尽管你现在已经离家2000多千米了，但是这与你在家的感觉并没有什么不同，是吗？我相信你的感觉不会有什么变化，主要根源在于你依然忧虑，你的身体和精神都没有什么问题。所以并非环境的原因，而是你对各种情况的想象。总而言之，你心里在想什么，你就会变成什么样。儿子，只要你清楚这个道理，那就回家吧，因为这样你很快就会好起来。”

看了父亲的信，他十分生气，因为他不需要被训斥，而是同情，他越想越觉得自己永远不要回家才行。那天晚上，他沿着迈阿密的一条小街行走，正好看到一个教堂正在举行礼拜，他准备进去听讲道，因为的确没有任何地方可以去。当天所讲的是《能征服精神者，胜过攻城略地》。他坐在殿堂里，听到了跟父亲平时一样的话语，这时他才认真思考，发现自己其实很愚蠢。开始了解自己，真正认识自己，这确实令他感到惊奇，他过去常幻想着改变世界和所有的人，但其实他最需要改变的是自己。

第二天早上，他就启程回家了，一周之后，他开始做回老本行。四个月后，他娶了一直喜欢的那个女孩，再也不会失去她了。现在他们一家人非常幸福，有5个子女，不管是物质还是精神方面，他都感到很富足。以前，他只是一个管理着18个人的小工头，现在却是一家有450多名员工的纸箱厂厂长。现在他的生活比以前更加充实，性格也更加友善。他开始相信，自己慢慢明白活着的真正价值。每当他感到忧虑的时候，就会对自己说，只要把大脑中的摄像机的焦距调好，这样一切都好了。

他非常坦诚地告诉我，非常感谢曾经有那次精神崩溃的经验。因为经历过那件事，他才知道思想对身心的控制力量是令人震惊的。从那件事开始，他明白了要学会利用思想，才不会让自己遭受损失。他才明白父亲过去说的话是对的，确实是自己对各种情况的看法导致了身心疲惫，而不是外在的环境。当他明白这个道理，身体就痊愈了，而且再也不会因为忧虑生病。

快乐就在身边

200年前，失明后的弥尔顿曾说："思想的运用和思想本身既能将地狱变成天堂，也能把天堂变成地狱。"

我一直相信内心的平静和生活所带来的快乐，并不在于我们在哪里，我们拥有什么，或者我们是什么人，而只在于我们的心态怎样，与外界的关系怎样。

其实拿破仑和海伦·凯勒也是这样想的，尽管拿破仑拥有一般人所想要的一切，诸如荣誉、权力、财富，但是，他曾对圣海莲娜说："我这一生没有一天是快乐的。"而海伦·凯勒尽管又聋又哑又盲，但她却说："我发现生活如此美好。"

爱默生曾写过一篇名为《自信》的散文，文章中写道："在政治上获胜、收入增加、病体康复、与好友久别重逢，或是其他纯粹外在的事物，这些都能使你兴致高昂，让你觉得生活中的好日子很多，但不要相信它，事情绝不会是这样的。除了你自己，没有别的能带给你平静。"对我来说，经过半个世纪的生活，"除了你自己，谁也不会带给你平静"，这是我所学到的最重要的东西。

依匹克特修斯是伟大的斯多葛派哲学家，他曾在19世纪之前就告诉我们，我们应该尽力消除思想中的错误想法，这比割除“身体上的肿瘤和脓疮”还重要。这句话其实在现代医学中也可以找到理论上的依据。坎贝·罗宾博士说：“归根到底，在生活和工作中遇到的各种问题无法协调，是出现这种现状的根源。”

法国伟大的哲学家蒙田有一句座右铭：“一个人因外界事物所受到的伤害，比不上他对事物的态度带来的伤害深。”而我们对外界一切事物的看法，基本上在于自己的感受。

当各种各样的烦恼侵扰我们时，我们的精神是非常紧张的，我可以毫不犹豫地跟你说，改变自己的心境，必须凭借自己的意志力。如何做到这一点，可能需要花一点力气，但方法其实很简单。

威廉·詹姆斯曾是实用心理学的权威，他曾说：“行为好像是跟随感觉而来，但其实行为和感觉是同时发生的。如果我们意志力控制下的行动规律化，这就可以间接地使不在意志力控制下的感觉规律化。”詹姆斯是想告诉我们，不可能只凭“下定决心”来改变我们的情感，但我们能够改变自己的行动，而当我们的行动改变时，感觉自然就改变了。所以，威廉·詹姆斯总结说：“所以，当你感到不快乐时，唯一可以使你快乐的方法，就是振奋精神。”

这种办法当然有用。不如你可以试一下，先露出微笑，再深呼吸一下，昂头挺胸，然后唱一小段歌，假如不会唱，也可以吹吹口哨或哼唱一段歌。当你的行动可以表现内心的快乐，就不会感到忧虑和沮丧了，这时你就能明白威廉·詹姆斯那句话的意思了。

这是大自然的基本真理之一，也就是找到生活的快乐，会让人们的言行出现奇迹。

一位住在加利福尼亚州的老寡妇，她经常会感到难过，从来没有去尝试过让自己感到快乐的方法。尽管她每次总会说“我很好”，但其实她一点儿也不好，不开心从她的脸上表情和声音语调里就能感觉到。她总以为，别人之所以不能理解她，是因为没有遇到她所经历的烦恼，似乎她就是这个世界上最不幸的女人。本来，她子女都已经成家了，也有能力奉养她，丈夫留下的保险金也足够她维持生活，但笑容经常消失在她脸上。她总是抱怨三个女婿又自私又差劲儿，尽管她可以去女儿家里居住，有时甚至住上好几个月，不过她总抱怨女儿不买礼物给自己。老妇人非常吝啬，她总说这是为未来的打算。就这样，她变成了一个让人讨厌的妇人，这是很不幸的。假如她能懂得詹姆斯那句话的真理，就可以在一天之内消除内心的忧虑。

其实，老妇人完全可以改变，她可以从一个喜欢抱怨、挑剔、悲伤的妇人变成人见人爱的老太太。一切根源在于她自己，首先她自己要有强烈的改变的心，其次她每天只要快乐地活着，第三就是不要只关注自己的不快乐和不幸，要将自己的爱多给予别人。

英格莱特十年前患了猩红热，好不容易身体康复之后，他又患上了肾脏病。为了治病，英格莱特到处寻医，结果都没有治好他的病。更糟糕的是，高血压又并发了，医生宣布无法救治，让英格莱特回去料理后事。

英格莱特回到家里，先是查看自己所有的保险金是否都已经付过了，然后将自己犯下的过错向上帝忏悔，最后十分难过地坐下来静静思考。他这样的行为让家人感到悲伤，他自己也非常沮丧。在这样颓废地过了一周之后，英格莱特感觉自己很愚蠢，难道要这样到死吗？既然还活着，那就快乐地生活。

英格莱特昂首挺胸，面露笑容，让自己看上去什么事情都没有发生。尽管这样做比较费力气，但他依旧装出一副很快乐的样子。他发现，自己这样做不仅仅让家人感到欣喜，而且对自己也很有帮助。

就这样过了一段时间，英格莱特感觉自己情况好了很多，他每天都感到快乐、健康，生活是美好的，血压也降了下来。他相信，假如过去自己总想死去，可能真会像医生所说的那样死掉。但是，他给了自己一个恢复健康的机会，改变心情，于是有了健康快乐的自己。假如没有这样做，可能他早就在坟墓里躺了几个月了。

只要你是乐观的，那就可以创造出快乐，这样自己和身边人也会快乐。让自己每一天都过得开心，带着满满的信心以及莫大的勇气，用健康的思想拯救一个人的生命，那么就不会再为小事情而难过沮丧了。

制订一个快乐的计划

很多年以前，詹姆斯·艾伦写了一本书《人的思想》，他在书里这样写道：

“人们通常会发现，当他改变了对事物和其他人的看法时，对他来说同时发生变化还有事物和其他的人……假如一个人将自己的思想导向光明，令他感到震惊的是生活发生了巨大的变化。人可以吸引自己所有的，却不能吸引自己所要的……在我们内心里，存在着气质变化的可能性，这就是我们自己……一个人可以获得什么，取决于他的思想……有了奋发向上的心态，一个人才能兴奋、拼搏，才有所成就。若不决定改变自己的思想，就只有永远忧虑和沮丧。”

有人说，上帝让人类来主宰整个世界，这确实是一份馈赠，但我丝毫不热衷这种特权。我更希望可以控制自己，控制自己的恐惧感，控制自己的精神世界。不管何时，我总是在思考，要想控制住自己的反应，就先控制住自己的行为。将恐怖转变为奋斗，就可以将内心的消极想法变为自身的福祉。

已故的西贝尔·派屈吉在36年前写过一份“为了今天”的快乐计划。假如我们可以按照他所说的那样去做，就可以摆脱掉生活中的大部分烦恼，增加许多快乐。让我们一起为快乐努力，先拟订一个计划，让它每天都可以滋生快乐。我觉得“为了今天”这个计划的效果是明显的，所以记录下来告诉更多的人。

只为今天，我要很快乐。正如林肯所说的“大部分的人只要下定决心都能很快乐”这句话是对的，快乐是来自内心的，而不是存在于外在。

只为今天，我要让自己适应一切，而不去试着调整一切来适应我的欲望。我要以这种态度接受我的家庭、我的事业和我的运气。

只为今天，我要爱护我的身体。我要多参加运动，善自照顾，善自珍惜；不损伤它，不忽视它；使它能成为我争取成功的好基础。

只为今天，我要加强我的思想。我要学一些有用的东西，我决不做一个胡思乱想的人。我要看一些需要思考、需要集中精神才能看的书。

只为今天，我要用三件事来锻炼我的灵魂。我要为别人做一件好事，但不让人家知道；我还要做两件我并不想做的事，而这是为了锻炼。

只为今天，我要做个讨人喜欢的人。外表要尽量修饰，衣着要尽量得体，说话低声，行动优雅，丝毫不在乎别人的毁誉。对任何事情都不挑毛病，也不干涉或教训别人。

只为今天，我要试着只考虑怎么度过今天，而不把我一生的问题都在一次解决。虽然我连续十二个钟点做一件事，但若要我一辈子都这样做下去的话，就会吓坏我。

只为今天，我要订一个计划。我要写下每一个钟点该做些什么事情；也许我不会完全照着做，但还要订下这个计划；这样至少可以免除两种缺点，过分仓促和犹豫不决。

只为今天，我要为自己留下安静的半个钟点，轻松一番。在这半个钟点里，我想做什么就做什么，什么都不用管。

只为今天，我要心中毫无惧怕。尤其是，我不要怕快乐，我要去欣赏美的一切，去爱，去相信我爱的那些人会爱我。

怨恨使生活犹如地狱

我曾在很多年前的一个夜晚旅行经过黄石公园。当时，我们这些游客饶有兴致地与一位骑在马上的森林管理员聊起熊的故事。通过他的描述，我们知道有一种大灰熊可以击倒所有的动物，当然除了水牛和另一种黑熊。但就在那天晚上，我看到一只大灰熊让一只臭鼬从森林里出来，而且还一起进食，当然仅有这只动物。在我们的常识里，大灰熊一巴掌就可以拍扁臭鼬，但是它却没有这样做，因为在大灰熊看来这并不是一件划算的事情。

从我童年时期的经历得知，招惹哪一种臭鼬都是非常不值得的。小时候我曾经在密苏里的农庄抓过四只脚的臭鼬，后来成年的我在纽约的街道上也碰到过几个像臭鼬一样的两只脚的人。

当我们敌视对手的时候，无疑是给了对方胜利的曙光。因为怨恨，我们会吃不下饭，睡不着觉，甚至血压升高，健康受损，最终失去了快乐。但我们的敌人反而会幸灾乐祸，尤其是当他们知道我们在忧虑、烦恼时，根植于我们内心的仇恨只会让我们生活在地狱，根本没办法伤害到敌人。

对敌人的报复，最终伤害的只有我们自己。《生活》杂志曾表示："假如不能控制愤怒，就会产生慢性的高血压和心脏病。而高血压患者的主要特征就是易怒。"根据这本杂志的系列报道，可以说报复会对我们的身体健康产生很大的伤害。如果你不愿意相信这个事实，那可以看看来自米尔瓦基警察局发出的一份通告："假如一个自私的人想要占你的便宜，别理会对方，更不要想怎样去报复。当你想要反击他的时候，你对自己造成的的伤害比对对方造成的的伤害更多。”如果不是仔细看清楚，你可能会以为这是哪个理想主义者说的话。

几年前，来自华盛顿州史泼坎城警察局的局长杰瑞史瓦脱给我写了一封信：“几年前，68岁的威廉·传坎伯在史泼坎城开了一家小饭店，由于店里的厨师坚持用盛菜的碟子喝咖啡，威廉非常生气，突发心脏病，倒地而亡。当时，他的验尸报告就写着‘是愤怒导致了他的心脏病’。”你看，果然有人因发脾气而死。最近，我的一位朋友患上了严重的心脏病，医生让他每天卧床休息，不论遇到什么事情，都不要生气，毕竟谁都知道，心脏有问题的人，一旦生气就有可能丢了性命。

有些人的脸因怨恨而爬满了皱纹，因悔恨而变了容颜，做出的表情也是麻木的。心中怨恨对外貌的影响，这是不管用什么美容方式都改变不了的，只有心中充满宽容、温柔和爱才能让美丽依旧。

圣人说：“带着爱心吃素，也比带着怨恨吃牛肉要好。”怨恨的心理还会影响人们对食物的享受。

恰如莎士比亚所说：“不要因为你的敌人而燃起一把怒火，烧伤你自己。”虽然我们无法做到喜欢上敌人，但至少可以学会爱自己，这样我们的快乐、健康、外表才不会受敌人的影响。

乔治·罗纳住在瑞典的艾普苏那，他曾在维也纳做律师很多年。第二次世界大战期间，乔治·罗纳逃到了瑞典，当时他迫切需要一份工作。他擅长说多个国家的语言，他希望能找一份进出口公司的秘书工作。发出简历后，他收到了多家公司的回信，表示正是战争时期，暂且不需要这样的人，但会把他的名字放在档案里备选。

当然，也有一些回信丝毫不客气，其中有一封回信是这样写的："你根本没有正确理解我的生意，你看起来非常愚蠢，我不需要秘书给我写信。如果我有需要，也不会请你，因为你的瑞典文很差，你的来信中有许多错字。"

看到这封回信，乔治·罗纳非常生气。那个自以为是的瑞典人回信也有很多错误，却还说他不懂瑞典文。于是，他打算写一封回信讽刺一下那位瑞典人，让他也生气生气。但过了一阵，他马上冷静下来，开始思考，或许那个瑞典人说得对，自己尽管学过瑞典文，但它并不是自己的母语，可能真的犯了一些自己不知道的错误，这样的话，自己反而应该感谢对方。如果想要找一份工作，就应该尽力学习。或许，对方真的指出了某些关键的错误，虽然这并非他的本意，他只是用这样的话来表达观点而已，但自己确实受益了，那就应该写一封感谢信。

乔治·罗纳原本想写一封骂人的信，结果却变成了一封感谢信："非常感谢您，尽管您不需要秘书，却不厌其烦地亲自给我回信。首先我非常抱歉，将贵公司的生意搞错了。我是通过别人的介绍给你写信，他们告诉我您是这一行业的领头人物，感谢您的指正，否则我都不知道我的信上有一些错误，对此我感到十分内疚。今后我会更加努力学习瑞典文，尽快改正错误，谢谢您能让我踏上改正的道路。"

几天之后，那个人给乔治·罗纳回了一封信，并邀请他去公司看看。罗纳去拜访了那个瑞典人，并在他的公司找到一份工作。乔治·罗纳说："能消除怒气的莫过于温和的回答。"

或许我们无法做到像圣人一样去爱我们的敌人，但可以做到原谅他们，忘记他们，这才是最智慧的做法，可以保持我们的健康和快乐。

有一句俗话说得好："笨蛋是不能生气的人，聪明人是不生气的人。"有一次，我问艾森豪威尔将军的儿子约翰："你的父亲会一直怨恨别人吗？"约翰回答说："不会，对我爸爸不喜欢的人，他从来不愿意多花一分钟。"

威廉·盖诺是纽约州前州长，他一直坚持这样的行事风格。曾经，他被一家内幕小报抨击得什么也不是，又被一个疯子打了一枪，差点丢了性命。当他躺在医院痛苦的时候，他说："每天晚上，我都在想方设法原谅一切的人和事情。"

叔本华是德国伟大的哲学家，他在《悲观论》一书里写道："假如可能的话，应该不对任何人怀有怨恨的心理。"叔本华将生命看作是既毫无价值又痛苦的冒险。

伯纳·巴鲁曾做过威尔逊、哈定、柯立芝、胡佛、罗斯福和杜鲁门6位总统的顾问，当有人问他是否因受到对手的攻击而难过时，他回答说："我不受任何人的羞辱或者干扰，是我绝不让他们这样做。"

其实，除非我们想让别人这样做，否则没有人能够羞辱或干扰你和我——棍子和石头也许可以打断我的骨头，但是言语永远也无法伤害我。

做超出我们能力之外的大事

有一座以伊迪斯·卡维尔的名字命名的山峰，那是一座非常美丽的山，我常常站在加拿大杰斯帕国家公园里仰望那座山。这座山的命名是为了纪念一位护士。

1915年10月的那天早晨，一位英国教士走进军人监狱，来到伊迪斯·卡维尔的牢房做临终祈祷。这时她说了两句话：“我知道仅仅爱国是不够的，我一定不能对任何人怀有敌意和怨恨。”这两句话最终被刻在纪念碑上。10月12日，伊迪斯·卡维尔像军人一样英勇就义，被德军行刑队枪毙。她究竟犯了什么罪呢？原来，伊迪斯·卡维尔在比利时的家里曾帮助过很多受伤的法军和英军士兵，然后协助他们逃亡荷兰。4年之后，她的遗体被迁往英国，在威斯敏斯特教堂举行了安葬大典。我在伦敦居住时，就经常去国立肖像画廊对面去看她的雕像，同时朗读伊迪斯·卡维尔那两句不朽的名言：“我知道仅仅爱国是不够的，我一定不能对任何人怀有敌意和怨恨。”

我们应该想办法去做一些超出自己能力以外的大事，这样我们就可以原谅和忘记仇人，淡忘曾经遭受的侮辱和敌意，这样我们就再也不会去计较那些大事以外的事情了。

几年之前，我曾去密西西比州松林的一所学校对全体学生做了一次演说。事实上，这所学校真的比较出名。

1918年，就在学校所在的密西西比州松林里发生了一件非常戏剧化的事情，差点酿成一次火刑。创建那所学校的劳伦斯·琼斯是一位黑人讲师，当时他差点被烧死。

1900年，劳伦斯·琼斯毕业于爱荷华大学，他性格温和，学识渊博，在音乐方面也颇有造诣，深受老师和同学的喜欢。劳伦斯·琼斯毕业后有机会在旅游部门工作，但他拒绝了。还有一位富人愿意资助他继续深造音乐，也被他拒绝了。因为这都不是他的理想。他早在阅读布克尔·华盛顿传记的时候，就已经下定决心献身于教育事业，去教育那些因贫穷而无法接受教育的人。于是，劳伦斯·琼斯回到了南方最贫瘠的一个小村庄，那里是密西西比州灰克镇以南40千米。他把自己的表当了1.65美元，然后用树枝当笔，在树林里办起了露天学校。

其实，在这之前还发生过一些故事，那是在很早很早以前。在第一次世界大战期间，当时密西西比州流传着一种谣言，说德国人正在挑唆黑人起来暴乱，而劳伦斯·琼斯就是黑人，于是有人借机说他挑动族人叛变，而在教堂外面就是一大群白人，劳伦斯·琼斯高声宣讲："生命，就是一场战斗！每个黑人都要身披盔甲，用战斗来换得生存、求得成功。"当那群年轻人听到"战斗""盔甲"就赶紧冲出去，马上纠集了一群暴徒，回到教堂用绳子将劳伦斯·琼斯捆绑起来，把他押到一公里以外的树林里，让他站在一大堆干柴上面，想用火烧，并把他吊死。这时有个人叫嚣道："他不是挺喜欢说话吗？在烧死他之前，不如让他说一下吧。"劳伦斯站在柴堆上，绳索还套在脖子上，他为了自己的生命和理想发表了一篇演说。

面对那些愤怒的想要烧他的人，劳伦斯·琼斯说："我所做的一切，就是要教育那些没有进过学校的孩子们，教他们做一个好丈夫、木匠、厨子、家庭主妇。”同时，他还说办这所学校得到许多白人的帮助，他们自发送来了土地、木柴、猪、牛和钱，好让自己的教育工作能够顺利进行下去。

有人问他：“我们把你拖出来准备吊死和烧死，你会不会仇恨我们？”劳伦斯·琼斯态度十分诚恳地回答：“我一直为自己的理想工作，完全没时间去怨恨别人，我一心一意地做一些超过自己能力以外的事情，我根本没有时间跟别人吵架，没时间去后悔，谁也没办法强迫我去恨他。”他的态度非常诚恳，话语感人，他没有为自己哀求什么。围观的人们开始心软了，其中有一个曾经参加过南北战争的老兵说：“我相信他说的话是真的，我认识他所说的那些白人，他确实在做一件好事，我们搞错了，我们应该帮助他而不是吊死他。”那位老兵当即摘下帽子，在人群中传来传去，从本来准备烧死劳伦斯·琼斯的围观群里募集到了55.4美元。老兵把钱拿给琼斯。

依匹克特修斯曾说：“归根结底，每个人都会为自己的错误付出代价。记住这点，你就不会跟任何人生气、争吵，就不会对别人采取辱骂、责怪、触犯和仇恨的方式。”在他看来，我们种因就会得果，命运总要让我们为过错付出代价。在美国历史上，林肯比任何人受到的责难、怨恨、陷害都多，不过根据韩登《不朽的传记》记载，林肯从不以自己的喜好来评价别人。假如需要完成什么任务，他也会想象敌人或许一样做得好。

林肯说：“谁也不会因为他做了什么而被称颂，或因为他做了什么或没有做什么而被罢黜。”如果有人曾侮辱过他，或轻视过他，但这个人却非常适合某个位置，那么林肯还是会安排他去那个位置，就好像派自己的朋友去做这件事一样。当然，他从来不会因为谁是他的敌人，或讨厌哪个人，而解除那个人的职务。那些过去曾批评或羞辱他的人，比如麦克里兰·爱德华、史丹顿和蔡斯，都被林肯委任而身居高位。在他看来，人们现在的样子，都是在环境、教育、生活习惯和遗传的影响下形成的，以后也永远是这个样子。

活着就是财富

我们中的大部分人都意识不到这个问题，其实我们每天都像生活在美丽的童话王国里。这又是为什么呢？

我认识哈罗·艾伯特很多年了，他以前是我的教务主任。有一天，我在堪萨斯城遇到了他，并坐了他的车回到密苏里州贝尔城。他看上去状态非常不错，我很好奇他是如何让自己保持心情愉快的。

其实，哈罗·艾伯特以前也经常忧虑一些事情。过去，他在韦伯城开了两年的杂货店，结果把所有的积蓄都赔光了，还欠下一笔债。由于杂货店倒闭了，哈罗·艾伯特打算去工矿银行借点钱，然后去堪萨斯城去找一份工作。

但在1934年发生的一件事，令他改变了想法。那天，哈罗·艾伯特正在韦伯镇西道提街上走着，毫无目的地走着，丧失了所有的信心和勇气。这时迎面走来一个没有腿的人，只见他坐在一个下面装着溜冰鞋轮子的小木制台子上，一双手各握着一根木棍拄着地在街道上滑行。艾伯特看到他的时候，那个人正好从街对面横穿了过来，正要将自己抬高几英寸，这样才能走到人行道上来。

这时，艾伯特的目光正好对着对方，只见对方微微一笑：“早上好，先生，今天的天气真好啊，难道不是吗？”那个人看起来特别开心，艾伯特看到这一幕，瞬间觉得自己很富有，至少自己身体健全，可以做想做的事情，并且为刚才的自怜感到羞耻。哈罗·艾伯特开始思考，既然他那样的残疾人都可以做到的事情，自己为什么不能做到。艾伯特鼓足了勇气到工矿银行里借了200美元，然后去堪萨斯城找了一份工作。正因为所看到的景象让自己再也不忧虑。尽管那个场景只发生了几分钟，但是就在这短短的时间里，哈罗·艾伯特学会了怎样去生活，这几乎超过了他过去几十年里所学到的全部知识。

后来，哈罗·艾伯特在浴室的镜子上贴了一张字条：“别人骑马我骑驴，转身看看推车汉——比上不足，比下有余。”这样每天早上刮胡子时，都能看到上面的字。

想想自己有多少得意的事情

《时代周刊》上刊登了一个故事：在关达坎诺战役中，一位士官受伤了，弹片击中了他的喉部，导致他输了7次血。当时他给医生写了一张纸条，问道："我还能活吗？"医生回答说："能。"他又写了一张纸条："我还能说话吗？"医生又给了肯定的回答。然后他又写了一张纸条："那我还担心什么呢？"

看到这样的故事，你是否需要停下来问自己：我在担心什么呢？

艾迪·雷根伯克曾迷失在太平洋里，当他和同伴毫无希望地在救生筏上漂流了21天之后，他告诉我："那次经历让我学到的最重要的一课就是，假如你有足够的新鲜水喝，有足够的食物吃，那就不要再抱怨任何事情。"可以说，这是他学到的最重要的东西。

很多时候，我们会发现自己担忧的事情其实是微不足道的。生活中，好的事情大概有90%，坏的事情有10%。假如我们把精神集中在90%的好事情上，不去想10%的坏事情，就会获得快乐；相反，如果只想10%的坏事，那就只有痛苦的生活。

英国许多新教堂里都刻着这样的话："多想，多感恩。"我们应该将这两句话铭刻在心。

斯威夫特说："世界上有三位最好的医生，他们是节食、安静和快乐。"他是英国文学史上的一位悲观作家，著有《格列佛游记》，但对一切事情都感到悲观。比如悲伤自己的出生，每次生日都穿着黑色衣服，而且这一天都不吃饭。不过，尽管一直生活在绝望之中，他却总是赞颂开心与快乐可以给人带来健康的力量。

我们每一天，每一个小时都可以得到"快乐医生"的免费服务，事实上我们拥有最宝贵的财富，甚至超过阿里巴巴的珍宝，只需要我们把眼光放在最珍贵的东西上。你愿意以一亿美元的价格卖掉一双眼睛吗？你愿意卖掉自己的两条腿吗？还有你的一双手、听觉和家庭。想想自己所拥有的东西，你会发现你一定不会卖掉你所拥有的一切，即便用洛克菲勒、福特和摩根三个家族全部的黄金来交换。

正如叔本华所说："我们很少意识到我们已经拥有的，而总是盯着我们所没有的。"许多人并没有意识到自己拥有多少珍贵的东西，于是，那些比历史上所有战争和疾病都要多的痛苦，就是这世界上最大的悲剧所造成的。

约翰·派玛退伍后没多久，开始做生意，他总是没日没夜地忙碌着，一切的事情都很顺利。但由于缺少零件和原材料，问题出现了。这样一来，派玛有可能要放弃自己的生意，他感到十分忧虑，脾气也变得非常坏，几乎从一个正常人变成了一个坏脾气的老家伙。派玛开始变得尖酸刻薄，尽管他自己并不知道，他失去了所有的快乐。

有一天，一个店里打工的年轻伤兵对他说："约翰，你真的应该感到愧疚。看看你现在的样子，好像这个世界上只有你最糟糕，即便你不打算做生意了，结果又是什么呢？等到一切都完全恢复之后，你完全可以从头再来。你有许多珍贵的东西，但你却总是在抱怨。上帝啊，我真希望我是你，你看看我，我只剩下一只胳膊，脸也伤了半边，但是我能说什么呢。假如你总是这样抱怨下去，不但会毁掉生意，还会损害健康，失去家庭和朋友。"

听到这样的话，派玛顿时醒悟过来，发现自己已经在一条错误的路上走得很远。他不能因此毁掉自己的家庭，于是他当即决定改变现状，重新开始，最终找回了快乐。

很多年前，我和露西莉一起在哥伦比亚大学新闻学院选修短篇小说写作。9年前，露西莉住在亚利桑那州的杜森城，她给我讲述了在那里发生的故事。

露西莉的生活一直都很充实，当时她在亚利桑那大学学风琴，在城里开办了一所语言学校，在她所居住的沙漠柳牧场上教音乐欣赏课。当时，她每天有参加不完的宴会和舞会，在夜晚星空下骑马。

一天早上，露西莉心脏病发作了，整个身体都垮了。医生告诉她："你得在床上安静地休息一年。"当然，医生并没有说任何鼓励她的话，给予她自信去恢复健康。

露西莉感到非常害怕，难道自己要在床上做一年废人，而且可能最后还会死掉。为什么这样的事情落到自己头上，自己究竟做错了什么，为什么会遇到如此糟糕的事情。露西莉哭闹着，心中满是抱怨。不过，她不得不听医生的话在床上躺着。

鲁道夫先生是一个艺术家，他同时也是露西莉的邻居。他对露西莉说："现在，你可能会觉得躺在床上一年是一件非常痛苦的事情，但是其实完全不是这样，你有了更多的思考时间，可以真正地了解自己，在以后的几个月里，你在思想上的进步会远远超过你这大半辈子。"于是，露西莉平静了下来，开始重新了解自己。她花时间看了许多有用的书，偶然的一天，她听到一个广播新闻评论员说："你只能谈你了解的事情。"尽管，在这之前露西莉听过很多次这样的话，但直到此刻她才明白其中的真意。从此，她决定只想着那些令人快乐的事情。每天醒来，露西莉就开始想一些好的事情，生活是美好的，她有乖巧的女儿，她能看见美景，能听见人们说话，还可以听悦耳的音乐，还有大把的时间看书，饭食也不错，还有许多好朋友，她感到由衷的快乐。而且越来越多的人来看露西莉，医生不得不在她门口挂个牌子，每天只允许在规定的时间里探望。

这件事已经过去9年了，现在露西莉过着健康快乐的生活。对她来说最难忘的就是在床上度过的那一年，那是在亚利桑那州所度过的最有意义、最快乐的一年，她对生命充满了感激。那段经历让她养成了一个很好的习惯，那就是每天醒来想一想好的事情，那就是人生最珍贵的财富。露西莉说自己感到愧疚的是，一直到她担忧死亡时，才真正学会了怎么生活。

撒姆尔·约翰生博士说："理智地看待每一件事，比每年赚1000英镑更有意义。"其实，撒姆尔·约翰生并不是一个天性乐观的人，他曾经过着痛苦的生活，贫困地度过了20年，但是他最终成为那个时代最出名的作家和演说家。

做个聪明人

罗根·皮尔萨尔·史密斯曾说："人生应有两个目标：第一

个是得到你想要的，第二个是在得到之后享受它，第二个目标只有富有智慧的人才做得到。”

波姬儿·戴尔在著作《我希望能看见》书里写道：“我只有一只眼睛能够看到，不过这只眼睛上满是伤疤，只能用眼睛左边的一个小孔看东西。不管看什么，都要离得那么近才行，而且还要把另外一只眼尽量移过去。”这是一个在失明边缘生活了50年的女人。

但是，波姬儿不愿意自己跟别人不一样，对别人的怜悯也全部拒绝。由于她看不见地上的线，所以不能和其他小朋友一起跳房子。为了和别的小朋友一样，她总是等他们回家之后，一个人趴在地上把眼睛贴在线上仔细观察，牢牢记住每一条线，没过多久，波姬儿就成了跳房子的高手了。波姬儿看书时必须把印有大字的书贴在脸上，近得差点挨着睫毛。即便是这样，她竟然在明尼苏达州立大学获得了学士学位，后来又在哥伦比亚大学获得了硕士学位。

波姬儿在明尼苏达州双谷的一个小村子里开始教学生涯，然后慢慢升任南达科他州奥格塔那学院的新闻学和文学教授，并在那里扎根教学13年。除此之外，她还在许多妇女俱乐部发表演讲，在电台主持读书节目。

1943年，波姬儿52岁了，她的生命出现了奇迹。著名的梅育诊所的医生为她的眼睛进行了一次手术，她的视力比以前提高了40倍，她的眼前呈现出一个崭新、美丽的世界。对别人来说，像在厨房的水池里洗刷碗碟如此简单的事情，她也感到非常开心。

波姬儿说："我玩着水池里的肥皂泡泡，若是对着阳光，我能够在每个泡泡里看到十分漂亮的色彩。"

我们是否应该感到愧疚，这么多年来，尽管每天都生活在这个美丽的世界，但我们似乎从来没有好好享受过它。正如波姬儿所说："我的内心深处常常担心自己会完全失明，为了克服这样的恐惧，我对生活的态度是快乐且近乎戏谑的。"

做最好的自己

基尔凯医生曾说："做你自己，这个问题从女娲造人之时就有了，而且这是人们一生面临的问题。"在生活中，许多精神、神经及心理方面的问题，都是因此而引起的，许多人不愿意做他自己。帕里斯也曾说："完全抛开自己的身体和灵魂，努力想要成为别人，可能没有人会如此悲惨。"他曾经写过13本书，而且在报纸上发表了几千篇关于儿童训练的文章。

艾尔太太来自北卡罗来纳州，小时候的她是一个非常害羞敏感的女孩。由于她有些胖，脸看起来圆圆的，这使她整个人看起来更胖。更糟糕的是，母亲是一个非常古板的人，所以，拜母亲大人所赐，艾尔太太小时候所穿的都是肥大的衣服，这使她更自卑。她在学校几乎不会参加什么聚会或活动，因为也没有人邀请她。在她的记忆中，学校就是一个读书的地方，她不曾在这里认识朋友，也不曾感受到快乐。那时候的她真的非常害羞，她总觉得自己跟其他人不一样，没有人会喜欢自己。

长大后，艾尔太太嫁给了现在的先生，他比艾尔太太大好几岁。最要命的是，先生和他的家人平时表现得非常冷静和自信，这使艾尔太太如同回到学校里一样。她曾经希望自己可以变得跟他们一样，结果总是徒劳的。她也曾经向他们学习，先生和家人也会尽力帮助她，不过，越是接受他们的帮助，艾尔太太越是想往后缩。艾尔太太越来越容易生气，她总是一个人待在家里，不想接触任何人。假如门铃响了，她也会非常害怕去开门。艾尔太太非常清楚，自己过得到底有多么失败。

不过，另一方面，她不希望自己的先生发现自己的状态。所以，当她与先生一起出席公共场合时，艾尔太太会假装自己很高兴，有时甚至会夸张地表现出高兴的样子。不过，等回到家里，她就会因之前的过度表现而感觉体力不支，接下来的几天，艾尔太太都会感到非常疲惫，她又开始惧怕出去应酬。日子总是这样日复一日地过着，艾尔太太再也承受不住内心的恐惧、忧虑、孤独，她甚至觉得自己活在这个世界上是毫无价值的，她想自杀。

当然，艾尔太太还没来得及自杀的时候，发生了一件事。一天，艾尔太太与婆婆闲聊，婆婆说到了自己如何教育子女的，她说："不管遇到什么事情，我都坚持鼓励孩子做最好的自己……"做最好的自己？一语道破梦中人，艾尔太太开始重新审视自己的人生，她突然发现自己生活的所有不幸都是因为没有做最好的自己，而总是强迫自己活在另外一个套子里。

艾尔太太下定决心：一定要做最好的自己。她开始尝试着做自己，仔细分析了自己的个性，努力认清自己，找出自己的优点。然后尽量地了解衣服的颜色和款式，希望可以在服装搭配上穿出自己的品位。

当然，做好充分准备的艾尔太太开始走出家门，认识新的朋友，甚至参加社团活动。当社团里要求艾尔太太上台主持某个活动时，尽管她内心很害怕，但是通过每次上台的锻炼，她也积累了不少的经验。或许，努力挣脱过去的自己，做最好的自己，这是一个漫长的过程，但艾尔太太却感受到一种从未有过的快乐。

所以，等到艾尔太太教育自己孩子时，她也经常将自己历经苦难才得到的经验传授给他们。告诉孩子们：不管遇到任何事情，永远坚持做最好的自己。

在美国明星制造厂——好莱坞，喜欢模仿他人的情况屡见不鲜。好莱坞知名导演山姆·伍德曾说："在指导年轻演员的过程中，我遇到的最烦恼的问题就在于让他们做回自己。"那些年轻的演员们总梦想成为第二个拉纳·图尔纳，或者第三个克拉克·盖博，所以他们会不知不觉地模仿那些前辈们的特色和风格。这时山姆·伍德总会反复地告诫他们："观众已经欣赏过他们的特色，下面观众想要感受不一样的风格。"

模仿别人有利于自己吗？山姆·伍德在导演《万世师表》和《战地钟声》之前，一直在房地产行业工作，这样的从业经历使他养成了销售员的性格。所以，他会表达自己的观点："根据我的经验，对于那些喜欢模仿别人的演员，最好还是将他换掉。"他认为商界中一些原则在影视界同样适用，若仅仅是凭着模仿他人是毫无意义的。

索科尼真空油公司（该公司已于1966年更名为美孚石油股份公司）的人事经理曾经面试过六万多名应聘者，而且还著有《求职六招》一书。有人问他："作为一个求职者，最不应该犯什么样的错误？"对于这个问题，他给出了详细的解答："一个人在求职时最容易犯的错误就是无法真实地展现自己。他们经常不能诚实地回答问题，而总是去揣测面试官想要听什么样的答案。"我们可以想象，当一个人无法诚实地展现自己，只是想给出猜想的答案时，那自然不能顺利地获得工作，因为任何一家公司都不会雇佣一个虚伪的员工。

凯丝·戴丽是一位电车车长的女儿，她从小就喜欢唱歌和表演，她梦想着自己能够成为一名当红的好莱坞明星。然而，凯丝长得并不算漂亮，她的嘴看起来很大，而且还有讨厌的龅牙。每次公开演唱，她都试图把上嘴唇拉下来盖住自己的牙齿。

有一次，她在新泽西州的一家夜总会演出，为了表演得更加完美，她在唱歌时努力拉下自己的上嘴唇来盖住那讨厌的龅牙，但是，结果却令自己出尽洋相，这真是一次失败的演出。凯丝看起来伤心极了，她觉得自己注定失败，她真的打算放弃自己当初的梦想。

但是，正在这时，同在夜总会听歌的一位客人却认为凯丝很有天分，他告诉凯丝："我跟你说，我一直在看你的演唱，我知道你想掩盖的是什么，你觉得你的牙齿长得很难看。"凯丝低下了头，觉得无地自容，可是，那个人继续说道："难道说长了龅牙就是罪大恶极吗？不要想去掩盖，张开你的嘴巴，观众看到你自己都不在乎，他们就会喜欢你的。再说，那些你想掩盖住的牙齿，说不定能给你带来好运呢。”凯丝接受了男士的建议，努力让自己不再去注意牙齿。

从那时候开始，凯丝只要想到台下的观众，她就张大了嘴巴，热情地歌唱，后来她成为好莱坞当红的明星，现在许多喜剧演员都想要模仿凯丝的龅牙。

通常一个普通人的心智潜能只发挥出来了百分之六十，大部分人实际上并不了解自己。享誉盛名的威廉·詹姆斯曾说：“我们拥有各种各样的资源，不过却没能合理地利用它们。与我们所有的潜能相比，我们只开发出了自身心智资源的一小半，还有近一半的心智还在沉睡，所以说我们能发挥的空间是无限的。”换而言之，你永远比你想象得要好得多。

你应庆幸自己是世上独一无二的，应该将自己的禀赋发挥出来。无论是龅牙，还是其他难以弥补的缺憾，都是生命组成的重要部分，在生命中占据着不可或缺的位置。从遗传学角度看，每个人都有来自父亲母亲双方各自的23条染色体，当然，这23对染色体决定你一切的遗传信息。

对此，阿姆利·施恩菲尔德解释：“每一条染色体中都会有数百个基因，任何一个基因都足以改变一个生命。”事实上，我们每一个个体的形成都是充满紧张、与众不同的旅程。他在著作《生命与遗传信息》一书中写道：“即便你的父母亲相爱，也只有三百亿分之一的几率孕育你。换而言之，即便你有三百亿个兄弟姐们，但他们每个人都是不同的个体，不可能完全一样。所以，生活中，我们每个人都是独一无二的，我们所需要的就是做好自己。”

做最好的自己，我是有切身体会的。

当我最初从密苏里州的农场来到纽约时，报考了美国戏剧学院，下定决心做一个演员。当时，我的思想是极其简单的，自作聪明的我想了一个主意：成为一个演员是一个通往成功的捷径，这么简单的事情，为什么那么多人都没考虑到呢。

于是，我开始犯错。我决定认真研究一下当时著名的演员，诸如约翰·德鲁、沃尔特·汉普以及奥蒂斯·斯金纳。自作聪明的我觉得只要吸收他们每个人身上的闪光点，就可以成为一个巨星。于是我花费了很多时间去模仿那些演员，我相信自己一定会成功的。几年以后，我突然意识到我只能做自己，我成不了任何人。

可以说这是一次值得牢记的教训，不过我好像并没有记住。很快我又犯了类似的错误，现在回想起来自己真是愚蠢到极点。

几年后，我决定写一本关于公众演讲的书。当然，在图书馆可以找到之前人们写过的同样话题的书，于是，我又开始自作聪明起来。我开始阅读那些类似的书，然后参考别人的想法，再将他们的意见都集中到我的书中来，这样我的书就很全面了。

看完了那些书，我开始搜集相关的资料，将他们的观点和意见都复制粘贴到我的书里。结果证明，我再一次愚蠢了。将别人的想法硬生生地变成自己的文章，如此枯燥乏味，我想是没有人愿意去读的。然而，这件事整整浪费了我一年的时间。最终结果是，我将它们全部丢进了废纸篓，然后不得不重新开始。

经过这两次的经历，我终于长记性了。我对自己说："你就是你，你需要做的就是接受自己所有的缺点和优点，因为你无法成为其他任何人。"我开始真正投入到写作中，将其他人的想法抛之脑后，总结出自己的想法。当时我首先要做的，就是根据自己的观察以及作为一个演讲者和演讲培训师的经验，写成了一本公共演讲的教材。

当拿着凝聚自己心血的这本书，我终于可以理解1904年曾在英国大学教英国文学史的雷利教授所说的一句话："我无法写出莎士比亚风格的书，不过我可以写一本具有我自己风格的书。"

生活中每一个人都是不可或缺的一部分。我们独一无二，与众不同，应该为此感到高兴。我们要认清自己的优点和缺点，善于利用自己的优点，规避自己的缺点。事实上，一切的艺术都是一种自传式的表达，我们只能按照自己的方式唱歌画画，根据自己的经历、成长环境、遗传基因来发展自己，这就是做最好的自己。不管好与坏，我们都要用心经营属于自己的小花园；不管好与坏，我们都要找准自己的定位，然后在生活中演绎真实的自我。

诗人马洛赫这样写道：

假如你无法成为山巅的劲松，

那就做一棵山谷中的灌木吧！

不过要成为一棵溪边最好的灌木；

若无法成为一棵大树，

那就做一丛灌木吧！

假如你无法成为一丛灌木，

不如就做一株小草，给道路增添一抹颜色。

假如你无法成为麋鹿，就做一条小鱼也可以。

而且是河中最活泼的一条！

我们不可能都成为船长，总会有人要成为船员，

但是每个人依然各司其职。

不论是大事还是小事，

我们总得完成分内的工作。

无法成为大路，不妨成为一条羊肠小道，

无法成为太阳，不妨成为星星，

成败不在于大小，

只在于是否已经尽力。

生活中，若是培养良好的心态，则可以帮助我们远离烦恼，还心灵一个宁静和自由。假如你真的希望如此，那需要记住一条原则：

不要模仿别人，要努力找回自己，做最好的自己，做最真的自己。

把柠檬做成柠檬水

其实，很多时候遗憾会让我们产生意外的惊喜。罗勃·梅

南·罗吉斯是芝加哥大学的校长，我曾向他请教如何才能过上快乐的生活。他当即回答说："已故的西尔斯公司董事长裘利亚斯曾有一个小忠告给我，那就是'假如有个柠檬，就做柠檬水'，这么久以来我一直按照他说的话去做。"

伟大的教育家就是这样做的，而普通人的做法却恰好相反。假如一个人得到了上帝赐予的柠檬，他可能会自暴自弃地说："我完了，这就是命运。我没有一点儿机会了。"然后他开始怨恨这个世界，每天都沉浸在自怜自哀之中。但是，当聪明人拿到一个柠檬的时候，他则会说："从这件糟糕的事情中我可以学到什么呢？我需要做点什么才能改变现状呢？"

阿佛瑞德·安德尔是伟大的心理学家，他一生致力于研究人类的潜能，他说："人类最奇特的特性之一，就是变负为正的力量。"下面我给大家讲一个故事：

一位将军去沙漠参加军事演习，妻子瑟玛·汤普森需要随军驻扎在陆军基地里。沙漠干燥高热的气候，全然陌生的环境，令特尔玛感到很难受，而身边又没有可以倾诉的人，陷于孤独的特尔玛只能经常给父亲写信，在信中透露出自己想回家的强烈愿望。然而，父亲的回信，只有短短的两行字："两个人从牢中的铁窗望出去，一个看到泥土，一个却看到了星星。"父亲的回信令特尔玛十分惭愧，她决定要在沙漠里寻找星星。

从此以后，特尔玛开始与当地人交朋友，结果他们的反应让她感到非常惊喜。特尔玛对当地人的编织和陶艺非常感兴趣，他们竟然会将不舍得卖给游客的心爱作品送给她。

彼此之间互相赠送礼品，闲来无事，她开始研究沙漠里的仙人掌、海螺壳，观察土拨鼠的活动，甚至寻找到了300万年前的贝克化石。慢慢地，她迷上了这里，通过亲身的经历，她写了一本书《快乐的城堡》。

其实，特尔玛·汤普森的故事所表现的，不过是公元500年前希腊人所发现的真理："最美好的事情往往是最难得到的。"沙漠并没有改变，当地的印第安人也没有改变，是什么使特尔玛的生活发生了巨大的变化呢？心态，当然是心态。以前惧怕陌生的特尔玛看到的只是泥土，但是，当这样的心态发生变化之后，她开始慢慢适应这个陌生的环境，并在体味中追寻到了快乐，甚至，她在沙漠里找到了星星。

20世纪，亨利·弗斯迪克再次强调这条真理："真正的幸福不见得全是喜悦，它多半是一种胜利。"确实，有时候幸福来自一种成就感，一种超越过去的胜利，一次将柠檬榨成柠檬汁的经历。

有一位美国的农夫，经过了多年努力之后，终于用自己存起来的钱买了一块价格便宜的田地。可是他买地之后，心情就十分低落。因为他买的那块土地非常贫瘠，根本不适合种植任何农作物，除了一些矮灌木和响尾蛇，其他什么东西都无法活在这片土地上。

他整日为这件事忧虑，后来他想到了一个主意，能把这个负担变为资产，把挫折变为机会。于是，他不顾身边人诧异的眼光，开始捕捉地里的响尾蛇，又去买了些机器来生产响尾蛇罐头。就这样，几年之后，他的农庄变成了当地十分有名的观光景点，平均每年就有两万名观光客前来参观。

后来，这位美国农夫的生意越做越大。他把响尾蛇的毒液送往美国实验室作血清，而响尾蛇的蛇皮则以高价售出，用来生产女式的鞋与皮包，然后再把蛇肉装罐卖到世界各地。他们甚至把村的邮戳都改为“佛罗里达州响尾蛇村”，向这位把“酸柠檬榨成甘甜柠檬汁”的农夫致敬。

那位美国的农夫看见自己用所有积蓄购买的土地一片荒芜的时候，并没有马上放弃它。而是思考怎么把这一片贫瘠之地利用起来，于是他针对土地上盛产响尾蛇的特点，开始制作罐头，并且还把响尾蛇的毒液、蛇皮都利用起来，最终使自己取得了巨大的成功。上天开始只是给了他一个酸柠檬，但是他却没有因柠檬的酸苦就扔了它，他在思考怎么把一个酸柠檬榨成柠檬汁。最后，他不但榨出了甘甜的柠檬汁，还榨出了比原来更多的柠檬汁。他的成功主要取决于他自己的心态，乐观、积极向上的心态使他最终获得了成功。

缺陷会使我们获得意外的收获

已故的威廉·波里索著有《十二个以人力胜天的人》，他在因火车事故摔断了一条腿后曾说：“别把自己的收入当作资本，这是生命中最重要的事情。我们需要学会的，就是从自己的损失中去获取好处，当然，这需要超人的智慧，而这一点正是聪明人和普通人的本质区别。”

我曾在佐治亚州大西洋城一家旅馆的电梯里遇见了两条腿断掉的班·符特生，当我走进电梯的时候，他正坐在电梯角落的轮椅上，看上去很乐观的样子，尽管他的双腿断了。电梯很快到了他想要去的那一层，他非常开心地问我是否愿意让一下，好让他的转动轮椅出去。他还有一些歉意地说：“真是抱歉，麻烦您了。”说这样的话，他的脸上露出十分愉快的笑容。

当我离开电梯回到房间之后，想的全是他笑的样子。他给我留下了深刻的印象，于是我特地去拜访了他，想听听他的故事。

1929年，24岁的班准备在菜园里做豆子的撑架，所以砍了一大堆胡桃木的枝干。他将树枝装上车，然后开车回家。结果车子在急转弯的时候，一根树枝忽然滑了出来，卡在引擎里。这时车子正好冲出路面撞到树上，这场事故导致班的脊椎受伤，两条腿因此麻痹。

班在出事之后再也没走过路，他不得不坐上轮椅，并且以后长期与轮椅为伴。当时他确实难以承受。刚开始班并没有办法接受这个严重的现实，他感到非常愤怒，也很悲伤，为什么命运偏偏对自己这样。但是随着时间一年一年地过去，班发现再怎么怨恨也挽回不了那两条腿，反之，只能给别人带来不好的影响。他终于明白了，身边的人对自己都很善意，十分有礼貌，那么他自己至少也要对别人有礼貌。

事情已经过去许多年了，班并不会觉得那次意外是恐怖的、糟糕的。他甚至庆幸自己有过那样一次遭遇。当他慢慢克服一开始不能接受和悔恨的心理之后，他重新开始了新的生活。班开始阅读一些好的文学作品，开始喜欢上阅读。在后来的14年里至少阅读了1400本书，通过阅读，班好像打开了对世界的另一种认识，他逐渐发现生活比以前所想的更美好更丰富。过去班不喜欢交响曲，感觉那是令人烦闷的，但现在他能够静下心来欣赏音乐了，甚至听这样的作品会使自己感动。与过去特别不一样的是，他现在有更多的时间去思考。有生以来第一次，班开始让自己仔细了解这个世界，有真正的价值观念，开始明白，过去自己所追求的事情大部分都是毫无价值的。

阅读书籍让班对政治产生了兴趣，他开始研究公共问题，通过坐着轮椅演说认识了更多的人，也让更多的人认识了他。现在，尽管班·符特生还是坐在轮椅上，但他已经是佐治亚州政府的秘书长了。

我发现一个有趣的现象，成人班里的学生最遗憾的事情就是没有上过大学，好像他们总认为没有接受高等教育就是生命中最大的缺陷。其实有很多成功人士，甚至连中学都没有毕业，或许这样的话并不一定对。我下面给大家讲的故事，他甚至连小学都没有毕业。

艾尔·史密斯从小家境贫困，当父亲去世的时候，家里依靠父亲朋友的募捐才把葬礼办了。当时，母亲在一家制伞厂工作，每天工作10小时，下班后还需要在家里做点活儿，一直做到晚上11点。艾尔·史密斯在这样的家庭环境长大了。他曾参加当地教堂举办的一次业余戏剧演说活动。他喜欢上这种活动，于是决定自学演讲，后来他又慢慢进入政界。

艾尔·史密斯30岁时当选为纽约州的议员，尽管对此他什么都没有准备，也并不知道应该怎么做。他了解自己需要投票表决那些冗长而复杂的法案，但是对他来说，这些法案根本看不懂，就好像用印第安文字写的。令他感到震惊而又担忧的是，他又陆续当选为森林问题委员会的委员、州议会金融委员会的委员，而他既没有进入过森林，也没有在银行开过户头。当时的艾尔·史密斯非常紧张，担忧得想从议会里辞职，只是辞职就意味着要向母亲承认自己失败，这是他无法做到的。绝望之中，该如何改变现状呢？艾尔·史密斯下决心每天苦读16小时，让过去无知的自己变成一个有学识的人。通过不懈的努力，艾尔·史密斯从一个当地的小政治家变成了一个全国的著名人物，当时的《纽约时报》称他为“纽约最受欢迎的市民”。

经过10年的自学，艾尔·史密斯掌握了政治才能，后来他成为纽约州政府最有权威的人，甚至创造了空前绝后的纪录，那就是曾四度当选为纽约州州长。1918年，艾尔·史密斯成为民主党总统候选人，这个小学都没有毕业的人，却被哥伦比亚大学和哈佛大学在内的6所大学授予了名誉学位。他曾告诉我：“假如我当年没有一天学习16小时，从被动到主动地努力，那后面所有的事情都不会发生。”

尼采说：“不仅是在必要情况下忍受一切，而且还要喜欢各种具有挑战的机遇。”这就是他对超人的定义。

威廉·詹姆斯说：“缺陷会让我们获得意外的收获。”确实，弥尔顿虽然双目失明了，但他写出了更好的诗篇；贝多芬虽然双耳失聪，但他创作出了更好的曲子。如果我们研究那些成功者的事例，会有一个非常深刻的认识，正是因为他们自身有一些会阻碍自己成功的缺陷，才促使他们去拼命努力，而这正是他们成功的原因，这也让他们收获更多的回报。

虽然海伦·凯勒又盲又聋，但她依然创造了辉煌的人生；尽管柴可夫斯基感到非常痛苦，他那悲剧性的婚姻差点令他陷入自杀的边缘，且一直过着十分悲惨的生活，但是他写出了那首《悲怆交响曲》。陀思妥耶夫斯基和托尔斯泰过着糟糕的生活，但他们依然写出了不朽的作品。

达尔文曾说："如果没有这样的残疾，我也许不会完成这么多工作。"他非常坦率承认残疾对自己有意想不到的帮助，从而发现了地球上生命科学的基本概念。

在达尔文出生的同一天，亚伯拉罕·林肯在肯塔基州森林里的一个小木屋里出生了。林肯也是有缺陷的人，而缺陷也对他产生了助力。他在第二次政治演说上说了一句最美也最高贵的话："不要对任何人怀有敌意，而要对每一个人怀有爱心……"假如林肯出生在富贵之家，毕业于哈佛大学法学院，婚姻生活又幸福美满，那他内心深处就不可能发现，在葛底斯堡也不会发表不朽演说，更不会说出那句如诗般的名言。

哈瑞·艾默生·福斯狄克在自己的著作《洞察一切》里写道："我们可以用斯堪的纳维亚半岛人的一句俗话来鼓励自己：北风造就维京人。我们为什么会觉得，安全而舒适的生活、没有任何困难，这些就能使人变得积极快乐呢？事实正好相反，那些可怜自己的人会继续自怜下去，即便他们舒适地躺在一个大垫子上时也不例外。”

如果我们沮丧到极点，完全没办法把柠檬做成柠檬水。那么我们就有两个理由促使我们不妨去试一试，这两个理由告诉我们，为什么我们只赚而不会赔。

第一个理由，就是我们可能会成功。

第二个理由，即便没有成功，只要尝试一下变负为正的企图，也让我们朝前看而不是向后看。那么，消极的思想要以积极的思想来替代，这样就可以激发出自己的创造力，迫使我们忘记那些曾经发生的事情，毕竟忙碌的我们完全没时间去想那些事情。

有一次，世界著名的小提琴家欧利·布尔在巴黎举办音乐会，忽然他小提琴上的A弦断了，但是他竟然用另外3根弦继续演奏完那支曲子。正如艾默生·福斯狄克所说：“这就是生活，假如你的A弦断了，那么就想办法用其他弦演奏完曲子吧。”

下卷

尽享快乐的生活

让雨水从身边流过

史密德里·伯特勒少将是统领过美国海军陆战队的人中经历最丰富多彩、又最会摆派头的将军，当然，这位将军有“地狱恶魔”“老锥子眼”的称号。

伯特勒少将在年轻时努力想成为一个最受人们欢迎的人，他想把自己最好的一面展现给身边的每一个人。那时，听到来自别人的一句小批评都足以让他难过半天。不过，后来海军陆战队30年的生活改变了他，让他变得更坚强。伯特勒曾被人羞辱和责骂过，被骂作是毒蛇、臭鼬、黄狗，还有那种专门以骂人为生的人，他们用一切可以想得出来却不能写出来的脏字骂他。在这样的经历之后，伯特勒不会再感到难过，现在哪怕有人在他身后骂他，他也会一直朝前走，头也不回，根本不关心谁在骂他。

或许伯特勒将军对来自别人的咒骂丝毫不在乎，但值得确定的一件事是，生活中的大多数人会认真看待这种看上去应该毫不在意的事情。

几年以前，有一个来自纽约《太阳报》的记者参加了我为成年人举办的教育班示范教学会，当时他在会上恶意攻击和诋毁我与我所从事的工作。我听了十分生气，认为这是对我人格的一种侮辱。我马上打电话给《太阳报》执行委员会主席吉尔·何吉斯，强烈要求他刊登一篇文章，说清楚事情的原委，而不是这样来嘲弄我。我下定了决心要让那个当着许多人面侮辱我的人受到应有的惩罚。

但现在我常常感到深深的愧疚。我完全明白了，即便我要求那份报纸澄清事实真相，可能许多人也会看不到。即便看到的人也只会把这件事当成小事情来看待，在几个星期之后就完全忘记它。

大部分人只会关注自己每天吃了什么饭，做了哪些事情，根本不会关注别人受到哪些批评。毕竟，每个人更喜欢关注自己的小问题，而不会关心我们的大消息。

所以，哪怕我们被别人背后议论，被别人当成笑话，被人欺骗，被别人从背后插了一刀，甚至被最好的朋友背叛，也不要可怜自己，而是应该提醒自己，别人对我的不公平是我没办法阻止的，但我需要为自己做一件更重要的事情：那就是不让那些不公平的声音干扰到我。当然，我并非完全不理会一切的批评，反之，我所表达的意思是不理会那些不公平的批评。

伊莲娜·罗斯福所遭受的事情更多，她既有非常热心的朋友，也有许多凶猛的敌人，她所遇到的比每一个在白宫居住过的女人都要多很多。其实，在伊莲娜小时候就非常担心别人说什么，她害怕听到别人的批评，为此她向姨妈求助，也就是老罗斯福的妹妹，她说："姨妈，我想做一件事，不过我担心自己会受到批评。"老罗斯福的妹妹看着伊莲娜的眼睛说："不要总是听别人在说什么，只要你自己觉得是对的就行。"多年后，伊莲娜住进白宫，她一直将姨妈的忠告当作自己的做事原则。她认为

“不要在乎别人的批评，只做你内心觉得对的事情”，这就是应对一切不公正批评的唯一途径。

已故的马休·布拉许曾是华尔街40号美国国际公司的总裁，他也曾很在乎别人的批评。早年间，他渴望让公司的所有人都觉得他是完美的，如果公司的人不这样认为，他就会感到非常忧虑，会想办法取悦那些对自己有怨言的人。后来，马休·布拉许发现，如果自己总是想要讨好别人，就会增加敌视自己的人。所以，他决定只要自己变得非常优秀，至于那些无可避免的批评，只要习惯就好。正因为有了这样清楚的认识，他后来的发展更加如鱼得水。从那以后，马休·布拉许决定尽全力去努力做事，将那把破伞收回来，让批评不滴落在脖子里，而是像雨水一样从身边流过。

对待别人的批评，狄姆斯·泰勒的做法更明智。他不仅不会让批评的雨水留在自己的脖子上，而且会当众嬉笑一番。有一段时间，每个星期日下午，狄姆斯·泰勒都会到纽约爱乐交响乐团举办的空中音乐会现场发表音乐评论打发时间。结果有位女士写信骂他“骗子、叛徒、毒蛇和白痴”，然后泰勒在著作《音乐与人》中写道：“我觉得批评我的女士不喜欢听乐评，只是喜欢听音乐。”并且在第二个星期的节目里将这封信通过广播念给几百万的听众听，结果几天后，泰勒又接到那位女士的来信，这一次被骂得很惨，那位女士依然坚持泰勒是一个白痴、骗子和叛徒。可以说，狄姆斯·泰勒这种对待他人批评的态度是令人钦佩的。

林肯在内战时期面临了非常大的压力，正是因为他学会了如何面对批评才不至于精神崩溃。而且他还写下面对批评的方法，这已经成为文学史上的经典题材："假如我只是试着要去读——更别说去回答所有对我的攻击，那么我这家店不如关门去做其他生意。我尽我所知道的最好的办法来做，也尽我的最大努力去做，那么，即便花费十倍的力气来批评我是错的，那也是毫无用处的。"第二次世界大战时期，麦克阿瑟将军就将这段文字抄下来，挂在他总部写字台后边的墙上。丘吉尔也把这段话镶在镜框里，挂在自己的书房里。

未寄出的信件

在林肯总统即将去世时，陆军司令斯坦顿心情很沉重地说："躺在这里的，是全世界有史以来最完美的领袖。"

1865年4月15日，星期六清晨，身体消瘦的林肯总统躺在公寓一间家具简陋的卧室里。这个公寓就在他遭遇枪击的福特剧院的对面。一张复制的油画"群马展览会"挂在卧室靠墙的床的上方，一盏煤气灯散发出幽暗昏黄的光。

过去我曾花了10年的时间来研究林肯总统成功的秘诀，同时，我花了3年时间撰写了《人性的光辉》这本书，这是一本关于林肯总统的书。

为此，我当然可以自信地说，我已经尽了最大努力去了解林肯总统的人格，以及他的家庭生活。我还特别从林肯的事迹中找出他待人的方法，做了非常仔细的分析。或许，你想问，林肯总统一生中真的没有随便批评指责过别人吗？

当然是有的，但他人生中仅有一次而已。那时，年轻的林肯在印第安纳州的鸽溪谷，他不仅批评，而且写信和讽刺他人，他把自己写好的东西放在别人的必经之路，其中有一封信差点让他遭遇坏事。这件事就是林肯在伊利诺伊州的春田镇做挂牌律师时，曾通过在当地报纸上发表文章当众讽刺敌对自己的人，但也仅有这一次而已。

那是1842年秋季，当时年轻的林肯的敌对之人是爱尔兰政客西尔兹，那是一个非常敏感且自尊心极强的人。林肯通过在《春田报》上刊登一封匿名信，嘲讽了西尔兹，这封信在全镇引起了轩然大波。愤怒的西尔兹去报社查寻写信的人，当他得知是林肯后，当即找到林肯希望以决斗的方式来维护自己的尊严。

林肯一向不喜欢与人决斗，他反对用打架的方式解决问题，但为了自己的面子，他还是答应了西尔兹。林肯的手臂比较长，早年间曾向一位在西点军官学校毕业的人学习过刀术，所以他的决斗武器就是马刀。到了约定决斗的那天，林肯和西尔兹来到密西西比河边，开始为自己的尊严决一死战。结果，就在决战前的最后一分钟，双方的朋友及时地阻止了这场决斗。

这件事对林肯来说是非常恐怖的经历，也帮助他在后来的待人方面有了更高的提升。从那次以后，林肯再也没写过羞辱他人的公开信，更别说做出讽刺他人的事情了。

林肯一生最喜欢的座右铭是：“不要轻易地评议他人，这样就会免遭他人评议。”美国南北战争时期，由于波托麦克军队与南方军队在作战时经常失败，听到每一次失败的消息，林肯心情都很沉重，常常独自在房间里踱步，最后只得更换统帅军队的将领。每当这时，那些打了败仗的将领都会被所有人指责，但只有林肯始终带着平和的态度面对那些将领。

每当听到妻子与别人用刻薄的语言谈论南方人的时候，林肯就会规劝他们：“请不要这样批评他们，在一样的情况下，我们也许会做和他们一样的事情。”

1863年7月4日晚，罗伯特·李将军率领着南方同盟军开始向南边撤退，当时正值雨季，整个美国都在暴雨之中，当罗伯特·李将军带着溃败的军队撤到波托麦克时，由于连连暴雨导致密西西比河暴涨，军队完全没办法渡河，而北方联军则在后面乘胜追击。前有洪水，后有追兵，罗伯特·李将军所率领的军队处于进退两难之中。

林肯分析这是结束南北战争的最好时机，既可以歼灭南方同盟军，还可以俘虏罗伯特·李将军。当即他满怀信心地命令联军司令格兰特不必召开军事会议，应该抓住机会攻击罗伯特·李率领的残余部队。林肯先是通过电报发出进攻命令，然后又派遣特使督促联军司令格兰特立即行动。

但就是这个千载难逢的时机，联军总司令格兰特将军却错过了。当时，格兰特将军并没有听从林肯总统的命令，他先是召开军事会议，做出了行动方案后又犹豫不决，他找了无数个理由汇报给林肯，并拒绝攻击罗伯特·李将军的溃败部队。结果，等到洪水退了，罗伯特·李将军带着溃败的军队从波托麦克顺利渡河到达密西西比河的对岸。

林肯听到这个消息之后非常生气，大声喊道："天啊，格兰特到底做了什么。我们已经包围了罗伯特·李的军队，只需要一点点力量就可以彻底抓住他们。在这样千载难逢的机会面前，随便一个人带领一支军队都可以把罗伯特·李的军队消灭掉，哪怕是像我这样一个完全不懂打仗的人也可以做到。"

林肯怀着非常沉重且失望的心情，写了一封信给格兰特将军。但是写好了信的林肯却没有寄出那封信，联军司令格兰特也并没有看到这封信。为什么林肯没有寄出这封信，他在写完信后有一个慎重的思考："难道就这样匆忙地将这封信寄出去吗？我每天坐在安静的白宫，唯一的行动就是向格兰特下达命令，这是非常简单的事情。如果我和格兰特一样在葛底斯堡前线，每天面对战争和鲜血，看到伤兵的痛苦，也许我也不会那么着急进攻。假如我性格也像格兰特那样小心翼翼，也许我会在那样的情况下做出一样的决定。"

"现在一切都没办法挽回了，因为我们已经失去了结束内战的最佳时机。如果把这封信寄出去，只是发泄了内心的愤怒和不愉快，对事情的结果一点用也没有。而且格兰特看完这封信之后，肯定会找借口为他丢失战机而争辩，在这样的情况下，他也有可能反过来指责我，这样就会造成将帅不和，也会影响格兰特在军队里的威望。甚至有可能造成格兰特辞掉联军司令之职的后果，那就得不偿失了。"

有了这样的思考，林肯即便把信写完好也没有马上寄出，而是放在一边，开始自己检讨。在林肯去世之后，人们在他的文件里发现了那封信：

我亲爱的将军：

我相信你根本没意识到李将军逃脱所引起的严重后果。本来我们已经完全可以掌控他，若是可以将他俘获，加上最近一直以来联军在其他战场赢得的胜利，就会加快结束这场战争。

但是因为你延误战机，按照目前的形势推断，将会无限期地拖延这场战争。就在上周星期一，在如此有利的时机里，你都没能歼灭罗伯特·李与他的军队，以后你还会有这种机会吗？现在我已经对你以后战事的有所作为不抱太大希望了。毕竟歼灭罗伯特·李与他的军队的黄金时机已经失去，对此我感到非常痛惜。

就是这封信没能寄出去，林肯通过过去的痛苦经验总结得非常清楚，批评与斥责越尖锐，自己想要得到的结果越不容易得到。

罗斯福总统曾回忆说道，他担任总统期间，每当遇到令人头痛的问题，他的身体就会在椅背上靠着，仰着头看着那幅挂在写字台上方巨大的林肯油画画像。他一边凝视着林肯的画像，一边思考：如果林肯与我处在同样艰难的境地，他会如何来处理呢？他又会怎样解决现在这个问题呢？

著名作家马克·吐温常常由于一些小事非常生气，写信训斥他人，那怒火简直可以烧掉信纸。有一次，马克·吐温给一个惹他生气的人说：“你所需要的应该是死亡许可证。你只要开口，我一定会帮助你搞到一份。”还有一次，马克·吐温给编辑写信，在信里说到一个校对企图“修改我的拼写和标点符号”，他以非常严厉的口吻写道：“以后如果再有这样的情况必须严格按照我的原稿处理，并且让那位负责校对的人将建议留在他那腐朽的脑子里。”

写这种训斥他人的信件，让马克·吐温的怒气发泄了。这样，他的心情舒畅了，而那些信当然没招来任何麻烦，因为他的太太悄悄藏起了那些信，一封都没有寄出去。

或许你很喜欢帮别人改掉不好的生活习惯，这一点我十分赞同。不过为什么不能改变自己呢？从另外一个纯粹自私的角度而言，这样做比有意地去改变他人所能获得的益处更多，而且所冒的危险也少得多。

像伟人一样宽容

我年轻时总想成为人人皆知的专栏作家。有一次，我正准备给一家杂志写专栏文章，于是给当时美国文学界的知名人士泰维斯写了一封信，向他请教如何写作。

几个星期之后，我收到了泰维斯的回信，在信的最后有备注一句话：“此信系我口述记录，没有认真核对过。”看到这句话，我非常好奇，我明白，像他这样回信的人肯定工作很忙。而当时我非常闲，又特别希望得到著名作家的注意，于是我在回信的最后也备注了同样一句话。

果然，我的信件被退回了，而且泰维斯用潦草的字迹在信的下脚处写了这样一句话："你向他人请教的方式，真是令人不敢恭维。"他再也不屑给我回信了。

人类天生的弱点促使我一直对泰维斯心怀怨恨，这种怨恨一直持续到10年之后的一天，听到他去世的消息依然没有消失。确实，这件事我自己的做法是错误的，本来我应该受到指责，本来就是我自己做错了，但我却不敢承认。

如果你觉得刺激一个人的怨恨，让你一直痛恨他10年甚至到死，这样的事情觉得比较有趣的话，那么你就任由自己对别人进行非常刺激的批评和训斥吧。

我们应该记住，在与别人相处时，是与那些有血有肉、活生生、有感情的人，而不是那些过于理想化的人。

尖酸刻薄的批评，曾让原本英国历史上最好、最敏锐的小说家哈代，永远失去了写小说的勇气，甚至让英国诗人托马斯·查特登以自杀告终。

富兰克林是美国著名的外交家，他在谈到自己处世为人的成功秘诀时曾说："我从来不说别人的不好，我说的都是我所知道的每一个人的优点。"青年时代的富兰克林并不这样智慧，只是在成年以后才提升了自己待人处世的魅力，后来，他还出任美国驻法大使。

卡莱尔先生曾说："想看一个伟人的伟大之处，那就必须看他在一生中，是如何对待卑微的人的。"

鲍布·胡佛是一位著名的试飞员，并且常常在航空展览中做飞行表演。一天，他在圣地亚哥航空展览中表演完毕后飞回洛杉矶。正如《飞行》杂志所描写的，在空中300米的高度，两个引擎突然熄火。由于技术熟练，他操纵了飞机成功着陆，但是飞机严重损坏，所幸的是没有人受伤。

在迫降之后，胡佛的第一个行动是检查飞机的燃料。正如他所预料的，他所驾驶的第二次世界大战时的螺旋桨飞机，居然装的是喷气式飞机燃料而不是汽油。

回到机场以后，他要求见见为他保养飞机的机械师。那位年轻的机械师为所犯的错误极为难过。当胡佛走向他的时候，他正泪流满面。他造成了一架非常昂贵的飞机的损失，差一点还使三个人失去了生命。

你可以想象胡佛必然大为震怒，并且这位极有荣誉心、事事要求精确的飞行员必然会痛斥机械师的疏忽。但是，胡佛并没有责骂那位机械师，甚至没有批评他。相反地，他用手臂抱住那个机械师的肩膀，对他说："为了表示我相信你不会再犯错误，我要你明天再为我保养飞机。"

转载次数最多的文章

大部分父母总会时不时地批评自己的孩子。当然，我并非认为孩子不该被批评，只是我需要提醒各位父母，可以阅读一下《家庭纪事》杂志的一篇社论《不体贴的父亲》，再批评孩子。

在获得作者的允许之后，我把这个故事刊印在这里了：

孩子，当你进入梦乡的时候，我有一些话想要告诉你。我轻手轻脚地走进你的房间，看着你平躺在床上，小手枕在脸下，金黄的卷发粘在你有点微汗的额头。之前，我在书房里阅读报纸，心中感到十分愧疚，让我不得不来到你的床边。

我想起了许多事情，孩子，我对你太严厉了。你早上穿衣服时，担心迟到的你用毛巾在脸上胡乱抹了抹，我骂你；你鞋子也弄得脏兮兮的，我又骂你；你随便乱扔东西，我又骂你。

吃早饭时，你习惯把胳膊肘撑在桌子上不顾形象地吃饭，桌子上到处都是饭渣，我又生气；你在面包上涂非常多的黄油，我也生气。在我出门去坐火车时，你正准备出去玩，一边往外走一边跟我挥手说"再见，爸爸"，而我看见你的动作很不满意"请抬头挺胸"。到了晚上，你依然没改变。我在回来路上看到你不顾形象地跪在地上和小伙伴们一起玩弹珠，而你的袜子已经破了好几个洞了，我非常生气，当众批评你："看看你，袜子是我花钱买的，假如是你自己花钱才会懂得心疼。"然后直接把你押着回家。是的，我竟然对你说了这样的话，不顾你在同伴面前的面子，现在想来是多么不应该啊。

你还记得吧。过了一阵，当我在书房里翻看报纸时，你小心翼翼地走了进来，满脸委屈。我抬头，非常不耐烦，对你很凶地吼道："你到底想干什么？"你看起来那么弱小，在门口稍微犹豫了一会儿，一声不吭，然后突然走过来抱着我的脖子亲吻了一下，又用你的小手臂抱了我一下就走开了，飞快地跑到楼上去了。我愣了一下，在你那上帝都会动容、我的冷漠也无法使之枯萎的爱面前，我内疚了。

孩子啊，当你走开后不久，我手里的报纸滑到了地板上，一阵非常内疚的情绪涌上心头。我那喜欢挑剔、动不动就吼人的不良习惯已经让我损失不少，也让你日子难过。孩子啊，我当然是爱你的，只是太早地用我的尺度来要求你，对你报有太高的期望。

你孩子天性中蕴含着许多真善美，你的小小心灵犹如照亮群山的晨光，当你跑进我的书房亲吻我并祝我睡个好觉、给予了我安慰就说明了一切。今晚其他的都不重要了，孩子，我悄悄地走进你的房间，看着熟睡的你，心中非常内疚。

这只是没多大作用的赎罪。我明白即便在你醒着时跟你说这些，你也无法明白。不过从明天起，我要学做一位真正的父亲。我要和你成为朋友，你的痛苦就是我的痛苦，你的快乐就是我的快乐，我会尽量忍住训斥的话，我会认真提醒自己“你只是一个小男孩”。过去我总是以大人的标准来要求你，不过看着你很累地睡在小床上，感觉你依然是个孩子。似乎你依偎在父亲的怀里还只是昨天的事情。过去我对你要求得太多了。

这是一篇随感小品文，《不体贴的父亲》打动了很多很多的读者，成为了人们主动转载的文章。这篇文章首次登载出来之后，作者李文斯登·劳奈德曾说：“全美国的大刊小报几乎都转载过这篇文章，它在外国也一样受欢迎。我自己答应过很多人，允许他们在学校、教堂、广播节目中宣读这篇文章，令我感到非常奇怪，这篇小文章竟然可以如此受欢迎。”

我们不能动不动就指责别人，而是需要了解对方为什么这样做。这比简单的批评更好，更有意义，因为这蕴含了同情、容忍和仁爱。

就好像强森博士说过的：“先生，世界末日来临之前，上帝的审判不会降临到世人。”

撩拨起别人的欲望

我每年夏天都要去梅恩钓鱼，尽管我平时喜欢吃杨梅和奶油，不过我知道水里的鱼喜欢吃小虫子。当我每次去钓鱼时，用的鱼饵是鱼儿喜欢吃的小虫子或蚂蚱，并不是我喜欢的杨梅或奶油，当我把鱼饵挂在鱼钩上放进水里，会问鱼儿：“你喜欢吃这个吗？”

我们可以用一样的方法“钓”到人才，那就去试一下吧。

当其他战争时期的领袖都归隐了，路依特·乔琪依然可以身居高位。对此，他是这样回答的：“假如一定要为这个找到理由的话，那就是因为我明白，对于钓鱼最关键的是鱼饵的选择。”

每天只考虑自己，确实是自私而幼稚的，你所关注的只是自己需要的东西，这一点是无法避免的，你要知道，别人也和你一样关注的只是自己，别人就好像你对他们一样冷漠。

世界上唯一可以影响他人的方法，就是谈论对方所需要的，然后提出建议。

请牢记这句话，当你需要向别人提出要求时，举个例子，当你看见小孩在抽烟时想要阻止这种行为时，不要训斥，而是告诉他抽烟会让他在棒球队选拔中被淘汰，或让他在赛跑中比其他人落后。

你需要做到这一点，不论你面对的是一个孩子，还是一头小牛，或是一只小猴子。

有一次，爱默生和他的儿子想把一头小牛赶进牛棚，与一般人的想法一样，他们不会想小牛是否愿意进牛棚，而是想到自己要做的事情。于是，儿子负责在前面拉着，爱默生负责在后面推着，结果小牛却一动不动，牢牢地站在那块草地上。

一个爱尔兰女仆看到这一情景，决定帮助爱默生父子，因为她非常了解牲畜的习惯特点，明白小牛的需求。那么，这位女仆是怎么做的呢？女仆将自己的大拇指放在小牛嘴里让它吮吸，就这样不费功夫就把小牛引进牛棚。

从你一出生，就是在为自己考虑，包括所有的行为都是出于这个目的，毕竟，只有自己才清楚需要什么。

即便你捐献了100元给红十字会，那又可以说明什么呢？确实，即便如此，也不能说明什么，捐献100元就是表示你想做一件善事，或者觉得这样做是神圣的，也可能是由于确实无法拒绝，所以才这样做的。不过，毫无疑问的是，你捐款也是因为自己需要从中获取一些需要的东西。

哈雷·欧弗斯屈脱教授曾著有《影响人类行为》这本书，他在书里写道："决定我们行为的是我们最基本的欲望，不管是在商务中、家庭中、学校中还是政治中，每当我们想要让对方信服，就需要激发对方的潜在心理需求，这样凡事就要顺利很多，而不会遭遇很大的困难。”

安德鲁·卡耐基小时候就明白了，影响别人唯一的途径就是要考虑别人的需求。尽管他只接受过4年的正规教育，但是却在待人方面颇有艺术。小时候，安德鲁·卡耐基家里十分穷，当时他为别人工作每个小时只有两分钱的工资，但是后来他却捐出去多达3.65亿美元。

安德鲁·卡耐基的嫂子有两个儿子，他们都在耶鲁大学读书，或许是由于太忙，这两个孩子完全没时间去看家里寄来的信，可家里的嫂子却由于两个儿子一直没有回信而焦虑，甚至生病了。那两个儿子却完全忘记了家里正在担忧的母亲。当安德鲁·卡耐基知道这件事之后，给两位侄子写了一封问候信，在信的最后附上一句话：“信封里有两张五元钞票，是送给你们每人一张的。”实际上，安德鲁·卡耐基根本没在信封里装钱。很快，侄子们回信了，他们先是感谢了叔叔的问候，然后在信的结尾写道：“信封里没钱。”

史坦·诺瓦克先生生活在俄亥俄州克里夫兰，有一天晚上，诺瓦克先生下班回到家，发现小儿子迪米正在客厅的地板上大哭大闹，因为孩子明天就要去幼儿园了，但他却不愿意去。如果在平时，诺瓦克看见这样的情景，肯定毫不犹豫地把儿子赶到房间里去，然后再严厉要求迪米第二天必须去幼儿园。但是，这次诺瓦克觉得这样做并不能帮助迪米带着好心情去上学。于是，诺瓦克坐在凳子上想：如果我是迪米，为什么不愿意去幼儿园呢？于是，他开始和太太一起列出可以在幼儿园做的事情，可以画画、唱歌，还可以结交新朋友。最后他们就开始行动，诺瓦克、太太莉莉和另一个儿子鲍布开始在厨房画画，玩得不亦乐乎，过了一会儿，迪米就站在墙边偷看，然后要求一起画画。结果诺瓦克拒绝了，说："你必须先到幼儿园学习怎么画画才能参加。"之后，诺瓦克和太太满怀兴奋地告诉迪米，他可以在幼儿园做的事情，以及在幼儿园是如何如何的快乐。

第二天早上，当诺瓦克起床之后走下楼梯后，竟然发现迪米在客厅沙发上睡觉。于是，他走过去叫醒迪米，问："你为什么睡在这里？"迪米告诉诺瓦克："我在等着去幼儿园，因为我不想迟到。"原来，一家人的兴奋已经让迪米有了强烈的想上幼儿园的渴望，但这并不是讨论、威胁或恐吓所可以达到的效果。

明天，当你想开口叫别人做什么事情之前，不如先问一下自己：我如何做才可以让他愿意去做这件事情呢？

一旦我们先问了自己这个问题，那就会让我们有了考虑，也就不再很突然地去和别人谈论自己的需求。我为了举行演讲研究会，需要租用一家饭店的大舞厅，差不多一个季度就需要租20天。

有一次，在演讲开始之前，我突然接到饭店的通知，舞厅的租金要增加两倍。当时我演讲的通知早就公布了，入场券也已经全部卖出去了。当然，我并不愿意交增加的租金，但是即便我这样告诉饭店，难道就能真的不交吗？毕竟饭店只关心自己的收益，于是，两天后我决定去见那位饭店的经理。

见面后，我告诉那位经理："当然，我并没有因此而责怪你，假如我是你，我也会做出一样的决定，毕竟你的职责就是让饭店有收入，假如你无法做到这点，可能会丢掉工作。不过，假如你坚持要求增加租金的话，你可以先听听我说的利弊。"

于是我拿出一张纸，在中间画了一条线，在线的一边写"利"，在另一边写"弊"。

我先是在"利"那一栏写"舞厅可以空出来"，但是，我一边说："这样你出租舞厅更自由了，可以用来举办聚会，这样你会增加收入，毕竟增加的租金比我之前付的租金多很多。我一个季度租用20天晚上，算起来你确实损失不少。"

然后我在"弊"那一栏写"你的收入由于我的离开而减少"。接着说："我确实没办法付出更多的租金，那么我不得不换一个地方作演讲。不过，我想你也清楚这个事实，许多社会上层的知识分子都会参加我的演讲，他们来听我演讲，还可以帮你宣传饭店。即便你花了5000元宣传费，估计也没这么多人愿意帮忙宣传吧。难道这一切对你来说没有潜在的价值吗？"

说完之后，我将这张写了利弊的纸张递给饭店经理说："我希望你可以认真考虑这两种情况，然后再做决定，假如你想好了，请告诉我。"

第二天，我收到了饭店经理寄来的租金改为只增加50%的通知。当然，在这件事情中，从头到尾我都没说过要减少租金，我帮助饭店经理分析的是对方的需求，以及如何做才能获得那些需求。

或许换做其他人，肯定会非常生气地跑过去跟饭店经理理论，甚至告诉对方自己演讲入场券已经卖出去了，通知也发出去了，这时竟然把租金增加，这分明就是整人嘛。然后强烈抗议对方的要求。

假如是这样，那么双方难免会发生争执。最终的结果就是饭店经理即便自己知道不应该这样做，不过为了维护面子，也不会承认这一点，对方租金是不会下调了。

亨利·福特曾说："如果可以站在对方的立场，从对方的角度去思考问题，就好像你为自己所想的一样，这就是成功的秘诀。"如果你想建立良好的人际关系，那亨利·福特的话就是一个不错的建议。

安德生夫人的信

在我的学习班有一个名叫"夫姆雷"的学员，他收到一封信，这封信来自一家规模较大的运输站的总监。这封信的内容如下：

爱德华·夫姆雷执事先生：

大多数在敝处交运货物的客户几乎都在傍晚才送到货物，所以导致运输停滞，敝处的员工只得延长工作时间，货车的运输效率也降低了，这严重影响了敝处外运收货工作的正常进行，导致交货缓慢。

11月10日下午4点20分，我们接收了贵公司交运的510件货物。为了减轻不好的影响，我们希望可以得到贵公司的理解和合作。以后假如有大批货物需要交运到敝处，可否尽量早点送来，或者先在上午送来一部分也行。

这样做对贵公司的业务也有好处，你们的火车也可以马上返回，完全不会在敝处耽搁时间。同时，敝处也保证在收到贵公司的货物后马上发货。

总监某某上

读了这封信，有什么反应呢?

这封信想要达到的目的，其实和写信者本来的意思相反。他们在信的开端就诉说自己的困难，通常我们是不会关注的。然后，他们完全没有考虑到，他们提出的要求是否会给我们带来麻烦。一直到这封信完，才说他们的要求可以给我们带来的好处。

换句话说，他们在信的结尾处才说到我们真正关心的事情。写信者明明想表达合作的意思，但他们信中所表达的意思却是完全相反的。

现在我们可以试着重新写这封信，就会让情况有一些变化。就正如亨利·福特说：“站在对方的立场上，从对方的角度思考问题，就像我们为自己所想的那样。”在信中，就自己的问题完全不必要在这里浪费笔墨。

下面是一封改写之后的信，或许并不是特别完美的，但或许你读了之后会觉得改善一下情况。

尊敬的夫姆雷先生：

贵公司在过去14年一直都是我们喜欢的好客户，首先十分感谢你们这些年的照顾，并且十分希望可以继续为你们提供更好的服务。不过，我们现在不得不怀着歉意给你们写这封信。在11月10日，贵公司货车直到傍晚才运来大批货物，这样我们就难将更好的服务提供给你们了。

主要是因为我们有许多客户都是在傍晚交货，这样难免会引起运输停滞，可能会导致贵公司的货车被堵在交货处外面，不可避免地会耽搁你们的货运。这样的情况确实很糟，但其实我们有一个良好的建议，可以有效避免类似的事情发生。

假如贵公司在上午有空闲时间，那就可以上午就将货运到敝处。这样也不会由于堵塞而让贵公司的货车耽搁时间，我们会马上将你们交运的货物发出去。而我们的员工也可以早点下班，可以吃上贵公司制作的美味面点。读过这封信，请不要介意，我们只是希望可以将更好的服务提供给你们，而并不是建议贵公司在业务方面进行改变。

不管贵公司什么时候送达货物，我们都非常愿意尽全力以最快速度为你们服务。

你们业务繁忙，不必劳神回复！

巴贝拉·安德生女士曾在纽约的一家银行工作，为了儿子的健康，她不得不考虑搬到亚利桑那州凤凰市去。于是，她写了一封求职信分别发给凤凰市的12家银行：

敬启者：

我拥有10余年在银行工作的经验，尤其对那些正在快速发展的银行感兴趣。

过去10年，我在纽约银行的一家信托公司的每个部门担任过职务，现在已经是部门经理，对银行信托部门的业务都熟悉，还包括和储户的关系、信用、贷款及银行行政。

我将在今年5月移居凤凰市，相信自己有能力帮助贵银行未来的发展。我会在4月3日前后一星期到达凤凰市，如果能蒙赐机会，让我展现能力帮助贵行快速成长壮大，不胜感激。

顺颂商祺！

巴贝拉·安德生

安德生女士就是运用了在我培训班学习的原则，写了这封求职信。当然，她这封信所收到的回应是非常好的。她寄出的12家银行中有11家来信邀请她去面谈，她有很多的选择机会。原因就是安德生女士并没有说自己的需求，她在信中写的都是怎样帮助银行发展，她关注的是对方的需求，而非自己的需求。

当今很多做推销工作的人，每天疲惫不堪，精神消极，收入很低。这根源就在于大部分人所关注的是自己的需要，而非对方的需要。大多数人没有意识到，对方不想买任何东西，假如自己想要的话，就会自己出去买，但是我们总是在考虑如何解决自己的问题。假如一个推销员可以让对方知道，他所提供的服务和商品能够帮助对方解决生活上的问题，那他根本没必要推销东西，别人自然就会去买他的东西。我们需要明白的是，顾客购买东西在于他们的需要，而不是被动地接受。

但是，许多做推销工作的人，即便做了一辈子的推销员，但却总是不明白站在顾客的角度思考问题。

当时我居住在纽约市中心森林山丘的一个小住宅区。有一天，我急急忙忙赶着去车站，正好碰见一位做房地产生意的人，他过去多年都在长岛从事房地产买卖。他非常熟悉我所居住的森林山丘，所以我问他："我所居住的水泥房子是用钢筋还是用空心砖建的？"他说："我不清楚。"他让我直接询问树林公园园艺工会。第二天早上，我收到他的一封来信，但信中他并没有给我所需要的资料。或许只要一个电话，他就可以回答我想要的答案，不过他并没有打那个电话。他还告诉我，可以打电话去问，最后他在信中想给我办理保险，他自始至终都在关注自己，而并非想要帮助我。

许多年以前，我的扁桃腺有问题了，于是我去费城找一位知名的鼻喉科医生检查病情。见到医生，他先是询问我的工作，并非先检查我的扁桃腺。当然，他所关心的是能从我这里拿到多少钱，而不是我有何疾病。在他眼里，钱很重要，比我的扁桃腺更重要。我很鄙视医生的这种态度，决定不再去那位医生那里看病，所以他也没从我这里拿到一分钱。

自私、喜欢掠夺、永远无法得到满足的人到处都是，当然，那些无私、总想着别人的人，反而会得到更多的受益。欧文·杨说："假如一个人可以为别人着想，站在对方的立场想问题，那他完全不需要为自己的未来制订太多的计划。"我们可以从这里学到一件事：在做出决定之前，永远要把自己放在对方的角度去想问题，知道对方的意愿和目标。假如你真的学会了这个道理，那么，你一生的事业和生活都将受益。

了解对方的需求和立场，并激发对方对某件事强烈渴望的需要，并非说控制这个人，让他做对自己有好处的事情，而是彼此在这样的情况下实现双赢。就好像安德生女士的信，最后让她和银行都实现了双赢，安德生女士获得了一份想要的工作，银行获得了一个经验丰富的高级职员。

许多看起来学历很高的人总会忽略自己内心所起到的作用，他们研究的都是非常深奥的问题。有一次，我受邀为一家冷气装配公司的年轻员工们进行培训，于是，我开了一项名为“有效的演讲术”的课程，为了可以生动形象地表明观点，我举了一个例子：

有个人想叫几个人一起打篮球，他是这样说的：“我想去打篮球，你们和我一起去。前几次都是由于人数凑不够，结果只能玩一些简单的投球游戏，却不能分队打对抗赛。我的眼睛因失误受伤了，不过我还是想打篮球，我希望明天你们能一起来。”

在这段话里，如果他邀请你打篮球，你会参加吗？他说的这段话里有你需要的东西吗？或许你根本不想去那个没几个人的体育馆，你也不想在打篮球时把眼睛弄肿。但是，他在说话时关注的是自己，根本不在乎你想要什么，也完全没告诉你能从打篮球里获取什么东西。比如打篮球可以让你有饱满的精神、可以增加食欲，以及活跃大脑，是一种休闲娱乐活动，他的话里一句话都没提到。

所以，欧弗斯屈托教授做出这样智慧的解释：“激发出对方迫切的需要，这样任何事情都能够顺利很多，不会遇到很大的困难。”

为自己买张床

我学习班上有一个30岁的学员，他告诉我自己3岁的孩子强尼不喜欢吃饭，十分瘦弱，他为此异常担忧，常常责备强尼，让孩子吃这个那个，希望孩子能够快点长身体。强尼会听话吗？当然不会，就好像成年人只会关注自己一样，强尼也只会关注他自己的事情。

一个成年父亲说的话，3岁孩子可以听明白吗，这肯定是不科学的。那个父亲最后也发现自己这样做是完全没效果的。按照我给他的建议，他开始想强尼最需要的是什么，自己到底应该怎样做，才能从要求孩子怎么做和孩子需要的东西中找到共同点。

当成年父亲这样想的时候，事情就变得容易了。强尼有一辆儿童车，平时总喜欢骑着车子在屋子前面的便道上玩耍，邻居家有一个比他大几岁的顽皮孩子，那个大孩子常常把强尼从玩具车推下去，然后自己霸占车子玩耍。

强尼每次遇到这样的事情，都会哭着回家跟母亲诉说委屈，而母亲则会出来赶走那位顽皮的邻居大孩子，然后把车子拿给自家孩子，这样来回持续很多次。

显而易见，我们可以看出强尼需要的东西。玩具车被霸占，他非常生气，他有很强烈的自尊心，他想报复，他迫切想要可以将那个顽皮的大孩子打倒在地。如果那位父亲告诉强尼："如果你多吃点食物，就能够快点长大，并且强壮身体，以后你就可以非常容易地对付那个顽皮的大孩子。"结果这样一说，不用要求他就能够主动吃饭了。现在，强尼已经不再厌食了，也不挑食，既喜欢吃蔬菜又喜欢肉类。毕竟对强尼来说，只是希望早点长成强壮的身体，然后打败那个顽皮的孩子，自己就强大了。

解决了强尼不喜欢吃饭的问题，但又有一个问题出现了。强尼有了尿床的坏习惯，父亲感到很焦虑。

每天晚上强尼和奶奶睡在一起，早上奶奶发现床单又湿了，训斥孩子："强尼，你看你昨晚又尿床了吧。"每次强尼总这样回答："不是我，是你尿了床，我才没尿床。"

家里人为此打骂强尼，还用这件事嘲笑他，一再要求他不再尿床，但是这似乎并没有什么效果，强尼还是会尿床。于是，强尼的父母向我请教：如何才可以改掉强尼的坏习惯，让他不再尿床?

我们可以一起来分析强尼最需要的东西是什么。他每天跟奶奶一起睡觉，不过很讨厌穿着跟奶奶一样的睡袍睡觉，他希望穿着父亲那样的睡衣。还有就是强尼不想和奶奶一起睡，他想单独睡一张床。对强尼的两个需求，奶奶十分愿意为他买套睡衣，也同意他独自睡一张床，因为这样可以帮助强尼改掉坏习惯。

于是，母亲带着强尼去百货公司买床，并没有通过自己开口，而是暗示女售货员是孩子想买点东西。于是女售货员直接问强尼："小伙子，你需要点什么呢？"这样的话让强尼得到了极大的满足，于是他踮起脚，让自己看起来高一些，回答说："我想买张自己的床。"强尼开始慢慢挑床，母亲喜欢其中的一张，当强尼正好走到那张床时，母亲再次用眼神暗示售货员，于是，那位售货员马上非常热情地向强尼推荐这张床，并做了细致的介绍。

床当天晚上就送到了，当父亲下班回家时，强尼非常高兴地跑到门口请父亲上楼参观自己买的床。当父亲看到那张床的时候，点头赞赏强尼，然后问："强尼，你不会再尿床，弄脏自己的床了吧，是不是？"

强尼非常肯定地摇头："不会的，我不会再弄脏这张床了。"因为强烈的自尊心，强尼遵从了自己做出的保证，再也没有尿过床了。毕竟，那是他自己买的床，他会非常珍惜。他想学着做个大人，现在他如愿了，穿着睡衣简直就像个小大人。

跟强尼的父亲一样，特尼也遇到了类似的烦恼，这位父亲是电话工程师。他3岁的女儿拒绝吃早饭，不管父母怎样训斥、欺骗，女儿依然不吃一口。

女孩总想自己已经长大了，她常常会效仿母亲的行为。一天早晨，父母请她为一家人准备早饭，当然这正是女孩想要做的事情。当她正在准备早餐的时候，父亲走进厨房，女孩非常兴奋地说："爸爸，你看，我做得好吗？"那天早餐，父母没有训斥或哄骗孩子，她就主动吃了两大碗饭。因为是她自己准备的早餐，感觉展现了才能，又得到了父母的肯定，珍惜自己的成就，从中获得了满足感。

威立姆·温德曾说："人性中最大的渴求就是展现自己。"

创造奇迹的信

或许你认为《创造奇迹的信》这个标题是否正确，可能是不正确的。也应该说，这个标题淡化了事实。不过我这里转载的信所获得的效应，可以说比奇迹高出两倍。这是肯·戴克说的。

肯·戴克是全美在推展营业方面最具权威性的人士之一，他曾担任过约翰·蒙维尔公司业务部经理，如今是柯格特·鲍姆里公司的广告宣传部经理，以及全美广告行业协会主席。

戴克曾说："过去我发出去要求经销商提供资料的信函，通常会收到5%~8%的回复，如果能够收到15%的回信，那就是十分了不起的，如果可以达到20%，那对我来说简直是奇迹了。"

但是，戴克有一封发出去的信却收到了惊人的42.2%的回信，也就是说这概率比奇迹还要高出两倍。这当然不是付诸一笑的事情。这封信之所以起到这样的作用也并非偶然，许多其他的信也收到了一样的效果。

如果有人问戴克是怎么做到这一切的？那么，他会如实回答说："当我听了卡内基所讲的关于'为人处世'的课程之后，我写出去的信，发出之后马上就有震惊的回应。我才发现自己过去写信的方式完全不对，我开始学着运用课程中所说的原则，结果我发出去想要资料的信函，所收到的效果多了很多倍。"

戴克先生在信函中提到请求对方帮忙，让对方感觉很愉快，这个请求很好地满足了对方需要的一种在他心中很重要的感觉。下面就是那封信函，括号里则是我的评语。

布朗克先生大鉴：

现在我正遇到一个棘手的问题，尽管很不好意思，不过我一筹莫展，请求您给予我帮助。

（我们一开始来分析这件事情的情况，可以设想一下，布朗克先生是亚利桑那州的一个木材经销商，忽然收到约翰·蒙维尔公司一位高级主管的信函，而且信一开始，纽约的高级主管竟然请求帮忙。不难想象，那位布朗克先生肯定会非常高兴地说："哈哈，如果这位来自纽约的高级主管来请我帮忙，那他总算是找对人了，毕竟我也喜欢帮忙。那么，看一下他到底遇到了什么棘手的问题。"）

去年我曾说服公司上层，让董事们知道真相，我们的经销商为了翻修屋顶而增加营业负担，十分需要公司全额资助，展开一项全年度向经销商直接写信调查的活动。现在这项活动已经获得了公司总裁批准，正在进行之中，想来阁下必已知悉。

（信中所提到的公司全额资助，布朗克先生肯定觉得这要支付，毕竟公司赚取了大部分的利润，一年好几百万呢，而自己只赚了一点点钱，这点钱还不够租房，不过他的麻烦是什么呢？）

目前我将一份调查表格寄给参与此项调查的1600多家经销商，收到了好几百份回复，表示他们很欢迎这种合作方式，并在回信中说十分有效。对于他们能够不厌其烦地回信，我个人深感荣幸和感谢。

今年为了进一步拓展合作业务，我公司再次启动此项调查活动，想来这也是阁下非常愿意看到的。不过今天早上总经理要求我对去年的经销商的营业情况做更深的调查。所以，我不得不再次麻烦阁下，请给予帮助，以便我可以及时呈给我们公司的总经理。

（这几句话说得很好"我不得不再次麻烦阁下，请给予帮助，以便我可以及时呈给我们公司的总经理"。作为纽约的高级主管说这样话，尤其是处于约翰·蒙维尔公司在亚利桑那州那位经销商面前，给予了后者极大的重视。需要注意的是，戴克先生并没有费口舌说公司有多么重要，他直接表明了非常需要对方的帮助。甚至他承认，假如没有这位经销商的帮助，就没办法向总经理回呈。毕竟谁不喜欢听这样的话，那位远在亚利桑那州的经销商也是一位普通人。）

下面需要麻烦您的一些事：

一、请在附上的邮卡上，列出您认为是因去年直接函介活动而获得的翻修屋顶工程；

二、请把它们的估价总值（根据全部成本，请力求正确）给予明确的答复。

此次若能得到您的帮助，蒙赐上述两项资料，我将感激不尽。敬颂宏图大展。

业务拓展部经理：肯·戴克

这封信看起来非常简单，不过因为态度非常诚恳，就创造了奇迹。如果你想请对方给予帮助，那就需要给对方一种重要人物的感觉。

富兰克林式的谦恭

年轻的富兰克林把自己所有的积蓄都用于投资一家很小的印刷厂，又想方设法让自己获得费城州议会的文书办事员这个职位。如此一来，他就可以利用职权为自己的印刷厂获得一些为议会印刷文件的业务，便于自己的工厂轻松盈利。当然，他可不想失去文书这个工作。但是，还是发生了一件很不利的事情。在他所在的议会中有一个十分富有又特别能干的议员不喜欢他，而且还当众辱骂他。

这样的情况对富兰克林是极为不利的，于是，他想让这位议员不再讨厌自己。但是要怎样做才能让对方喜欢他呢？也不能随便贿赂对方，毕竟这样反而会引起对方的怀疑，甚至遭受鄙视。富兰克林十分智慧，在待人方面又颇有一套，他不想自己陷入尴尬的境地。于是，他使用了相反的方法，不如去请求讨厌自己的人帮一个小忙。

既然那位议员如此有钱，难道富兰克林是向对方借10万美元吗？当然不是，选择的这个请求是为了让对方心情愉悦，而且这个请求必须能够满足对方的心理，让对方备受重视。富兰克林充分表达了自己对议员的智慧与成就的仰慕之情。那么，富兰克林到底是怎么做的呢？

原来，富兰克林听说议员的图书室收藏着一本十分珍贵的书籍，所以他写了一封便笺给议员，表示自己迫切想要读到那本书，请求议员把那本书借给自己几天，好让自己认真阅读。

令人意外的是，那位议员收到富兰克林的便笺之后就派人把书送过来。不到一个星期，富兰克林把那本书还给他，而且在书中附上一封信件，态度诚恳地表达了自己的谢意。

于是，下次当富兰克林和那位议员在议会碰面的时候，那位议员竟然主动和富兰克林打招呼，这在之前是几乎没有过的行为，而且看起来非常有礼貌。从那次之后，议员就非常愿意帮助富兰克林，这样他们成为了关系很好的朋友，这段友情一直持续到他去世为止。

尽管富兰克林已经去世多年，不过他所使用的待人处事方法，即请求别人帮你忙的办法，却是永远有效的。

亚伯特·安塞尔是我的学生，他也运用这样的交际方式获得了事业成功。

亚伯特·安塞尔是铅材料和暖气材料的推销商，他这么多年一直想与布鲁克林的一个铅材料供应商合作。那位铅材料供应商业务量较大，信誉好。但是，安塞尔刚开始接触就碰了钉子。那位铅材料供应商喜欢给人难堪，一直以来以粗鲁、刻薄和无情出名。每次安塞尔去他办公室拜访时，那位供应商就坐在办公桌的后面，嘴里叼着一根雪茄，对刚进来的安塞尔说："今天不做生意了，你别耽搁我的时间，给我出去！"于是，安塞尔决定换一种方式。

当时，安塞尔的公司正计划在长岛皇后新区买下一家新公司，正在紧张进行各种准备工作。而那位铅材料供应商在那地方经商多年，相当熟悉那个地方。所以，当安塞尔去拜访他时，进门就说："先生，这次我来不是向您推销的，我是想请您帮忙的。不知道您是否可以花一点时间来跟我谈一谈呢？我们的公司计划在皇后新社区开一家分公司，听说您对当地非常了解，所以我特地向您请教。"

听到这样的话，那位供应商表现出不一样的反应。毕竟，他的虚荣心得到了满足，感到自己备受重视。

所以，供应商马上从办公桌后面站起来，十分热情地说："请坐！请坐！"找了一张椅子让安塞尔坐下，接下来那位供应商用了一个多小时的时间非常详细地描述了皇后新区铅材料的特点和优点，而且讲述得非常全面。他非常赞成安塞尔的公司选择的营业地点，而且还准确分析了购买产业、储备材料及怎样开展营销等全盘的方案。当话匣子打开之后，供应商变得非常健谈，甚至开始谈论私人方面的话题，变得十分和善，还跟安塞尔讲述了自己家庭所面临的危机等。

那天晚上，当安塞尔离开供应商办公室的时候。他的口袋里不仅装了一大笔初步的装备订单，而且还与那位供应商建立了牢固的业务联系，甚至后来还经常和他一起打高尔夫球。正是安塞尔换了一种方式，让他与供应商建立起生意上的新联系，交了一个看起来不好应付的朋友，还得到了可观的订单。改变的伊始，正好是安塞尔请对方帮一个小忙，让对方感觉自己是一个非常重要的人物。

请记住，当我们想要得到别人的赏识，可以做很多事情。不过，没有人会喜欢违心之论和谄媚之言。

在这里，我可以再次重复一下，在生活中运用这里学到的知识，必须是发自内心的真诚才有效果。我这本书并不是想教各位去玩人际阴谋，而仅仅是告诉你们一种新生活的方式。

把热忱装满口袋

如果你从来没有研读过心理学著作，现在你就没必要去阅读。因为你只要明白发自内心地、诚恳地去关心人，那在以后的两个月里你所认识的朋友，要比你花两年时间让别人对你感兴趣，主动来认识的还要多。

不过，我们都明白，如果一个人总让别人来关心自己，或总想别人对自己感兴趣，那这可能是他一生没有朋友的原因。总希望别人关心自己，别人对你感兴趣，而又可以成为真正的朋友，这样的情况简直是少之又少。

纽约电话公司曾做了一项调查，就是了解人们在使用电话时经常使用的词语是什么。其结果或许你已经猜到了，那就是人称代词中的“我”。有人曾记录了五百多次电话谈话中“我”这个词出现的次数，结果发现这个词语被反复使用了超过3900次。

现在问你一个问题：当你看到一张有你在里面的集体合照时，你最先看到的会是谁呢？

如果你觉得在生活和工作中，大家都关注你，对你非常感兴趣，那么，请问：假如你今晚突然去世，你觉得会有哪些人来参加你的葬礼？

在生活工作中，只有你主动关心别人，人们才会对你产生好感。假如我们想获得别人的关心，却不主动关心他人，只想让对方对自己感兴趣，那么，我们就不会认识真正的朋友。毕竟，如果是真正的朋友，不是这样做就可以认识的。

在历史学家的眼里，约瑟芬是否得到了拿破仑的信任，这是个谜。拿破仑在与她最后一次见面时，曾做过这样的尝试。拿破仑说："我亲爱的约瑟芬，你知道，在我失败之前，我是这个世界上最幸运的人之一，但是现在，在这个世界上只有你是我唯一能够相信的朋友。"

阿德勒是知名的维也纳心理学家，他在自己著作的《生活对你的意义》中写道："一个在生活中不知道关心他人，也总是对他人不感兴趣的人，那他的生活就会遭受挫折。同时，这种生活习惯，也会给身边的人带来非常大的心理伤害和心理困扰。纵观整个人类历史中的悲剧事件，都可以看到这些人自私的身影。"

或许你已经阅读过许多关于人类心理研究的专著，但是你却没有认真理解阿德勒著作中的这句话对我们的意义。我一向说话不啰唆，但是因为阿德勒所说的那句话非常重要，我只能再次将这句话写在这里："一个在生活中不知道关心他人，也总是对他人不感兴趣的人，那他的生活就会遭受挫折。同时，这种生活习惯，也会给身边的人带来非常大的心理伤害和心理困扰。纵观整个人类历史中的悲剧事件，都可以看到这些人自私的身影。"

我年轻时曾在纽约大学选修短篇小说写作课程，那时是一位当地知名的文学杂志编辑教授我们课程。那位老师在教学演讲中说自己每天都要收到几十篇的小说稿件，不过他只在这些稿件中随便看几个片段，就可以判断出这个作者是否喜欢别人。毕竟根据他的职业直觉来说，一个无法和他人很好相处的作者的作品，是没办法感动读者的。

这个拥有多年社会经验的老师在演讲中，曾两次由于自己岔开了话题而停止演讲表示歉意，不过，他依然强调说："现在我必须像一位牧师一样，给你们忠告，假如你们谁想要成为一位成功的小说家，千万要记住，先学会与他人友好相处，必须关心别人，关注别人。"

著名魔术家塞斯顿过去40年来凭着卓越的魔术绝技，受到许多观众的欢迎，他去过世界很多地方，差不多有6000万观众看过他的表演，这让他获得了200万元的演出收入。他在百老汇演出时，我曾经在他的化妆间采访过他，并听了他的故事。

如果要问塞斯顿先生成功的秘诀，其实得从他的成长经历说起。塞斯顿小时候离家出走，成为到处流浪的孩子，没有读过一天书，没钱买票就逃票坐火车，没地方睡觉就在柴草堆里睡觉，还向许多家要过饭吃。因为他总是喜欢看铁路两边的露天广告，所以勉强可以识几个字。

当然，塞斯顿并不是天生就有魔术天赋。尽管现在出版的关于魔术知识的书籍至少也有几百本，不过，可以像塞斯顿先生这样拥有高超魔术技术的人顶多几十个而已。塞斯顿成功的秘诀在于，他在自己的表演中拥有两个其他人没有的优势。

这两个优势就是独特的人格魅力和知道怎样让观众喜欢。换句话说，塞斯顿表演中的每一个行为与言语的音调，都是经过时间和心血设计和练习的，这让他在演出时举止有风度，动作快速而机敏，反应非常灵活。

当然，最重要的是，塞斯顿先生非常关注怎样与其他人相处。可能在许多魔术家眼里，台下的观众就是什么也不懂的傻瓜，我只需要在台上好好地玩个把戏欺骗一下他们就好了。但是，塞斯顿却不是这样想的，他每次上台演出之前，都总是告诉自己：我非常感谢那些来观看我演出的观众，因为他们，我才有了舒适的生活，我一定尽最大努力去表演好。我要爱我的观众，爱那些来观看我表演的观众。

或许，你觉得这样的话很可笑，不符合普通人的思维。诚然，你能够按照自己的意愿去想，而我只是想把这个一直备受人们尊重的著名魔术家怎样待人的方式，不加评价地提供给你们做参考。

苏蒙·亨克在事业成功之前，一直生活很贫困，有一次她感觉自己再也受不了生活的压力了，差点就想抱着刚出生不久的孩子一起去死。好在，她依然将自己喜欢的歌唱事业坚持了下去。通过自己不断的努力，她成功了，成为了闻名世界的著名歌唱家。当然，她告诉我，她成功的秘诀就在于懂得如何与他人相处，以及怎样赢得观众的喜欢。

友善的力量

乔治·戴克生活在宾夕法尼亚州北华伦市，当时因为一条高速公路横穿过他工作的服务站，乔治不得不提前退休。退休后的生活是极其无聊的，没过多久，他就厌烦了这样的日子，开始抱着自己的旧提琴打发时间。后来，乔治又到处旅游去听音乐，甚至见了很多修养较高的提琴家。每次遇到提琴家，乔治总显得十分谦和和诚恳，表现出极大兴趣。尽管乔治本人并不是什么出名的提琴家，但是他却因此认识了许多提琴界的朋友。之后，乔治参加许多提琴比赛，没过多久，“乔治叔叔”这个名号就在美国东部的乡村音乐迷间传开了。当我们听到这个名号时，乔治已经72岁了，但他每天都在享受快乐的生活。因为乔治总是持续对其他人有一种兴趣，当大部分人认为他们的时代已经终结时，乔治为自己创造了一个崭新的生命。

老罗斯福总统铸造了伟大的成就，他也深受人们的尊敬。当然，这与老罗斯福在平时生活工作中待人和善、关心他人的生活习惯是分不开的。即便为他做日常服务的工作人员，也对他有非常深厚的感情。爱默士是为老罗斯福工作的黑人侍从，他撰写了《西奥多·罗斯福心目中的英雄》，并在书中讲述了一个关于老罗斯福的感人故事。

爱默士从来没有看到过鹌鹑，有一次他问罗斯福总统：“鹌鹑这种鸟长什么样呢？”罗斯福很耐心、详细地给他描述了鹌鹑的样子。这件简单的事情没过去多久，有一天，爱默士家里的电话响了，打电话过来的竟然是罗斯福总统。当时，他和妻子居住在总统牡蛎湾住宅内的一间小房子里，他妻子接的电话。罗斯福总统在电话里告诉爱默士的妻子：“在你们家的窗外就有一只鹌鹑，如果你们现在有时间去看的话，就可以看到爱默士一直想看的那种鸟了。”除了鹌鹑这件事，每当罗斯福经过爱默士的屋子时，不管爱默士和妻子是否看见了他，罗斯福总会亲切地打招呼："嗨，爱默士！嗨，安妮！"。

在日常生活工作中，罗斯福总是和气对待身边的每一个人，关注每一件很细小的事情，这就是他的人格魅力。像罗斯福总统这样的人，必然会赢得身边人的喜欢，因为谁也没办法去讨厌一个每时每刻都在关心自己的人。老罗斯福总统在白宫任职的时候，总是真诚对待身边的每一位工作人员，他可以准确地叫出做杂务女工的名字并亲切问好。

亚切·伯德曾在回忆录中记录了这样一件事：有一天，离任的罗斯福总统去白宫拜会塔夫脱总统时，刚好塔夫脱总统与夫人有事出去了。这时罗斯福总统看到厨房里工作的佣人爱丽丝，问："你现在是不是还常常做玉米面包呢？"爱丽丝告诉老总统："现在不怎么做那种面包了，因为塔夫脱总统的家人不怎么喜欢吃，即便偶尔做一些，那也是为佣人们做的。"

听到这样的话之后，罗斯福大声告诉爱丽丝："他们不吃，是他们没有那样的好口福。当我见到塔夫脱总统的时候，肯定会告诉他玉米面包是非常可口的美食。"于是，爱丽丝从厨房拿了一块玉米面包给罗斯福总统，罗斯福总统则一边吃一边向塔夫脱总统的会客厅走去。那天，罗斯福跟每一位在白宫工作的员工亲切打招呼，并与他们聊天，就跟他以前在白宫当总统时一样。

有一位当时在场的老佣人后来回忆那天的情形时，忍不住热泪盈眶："这是我在白宫工作以来最快乐的一天了，如此令人幸福的经历，即便我们中有人想用财富来换取，我也不愿意。"

著名哈佛大学校长依利亚博士，在平时生活工作中总习惯关心他人、照顾他人，所以，他受到哈佛大学里所有师生的欢迎与爱戴。

有一次，哈佛大学一年级学生列顿，去依利亚校长办公室领取50元贫困学生助学贷款。当列顿拿到助学贷款之后，心中十分感激，正当他想要离开办公室的时候，依利亚校长叫住了他，说："请再坐会儿吧……我听说你常常在学生宿舍自己煮饭，如果你觉得那样可以的话，我也并不认为是一件坏事，毕竟我自己读大学时就曾那样做。"听了依利亚校长的话，列顿十分惊讶。依利亚校长接着说："你是否做过肉饼呢？如果你可以把肉饼弄得又熟又烂的话，那肯定好吃，我在读大学时就很喜欢肉饼。"然后，依利亚校长还向列顿介绍了做这种美食的详细过程。

或许，你在生活中做不了音乐家、总统、校长和成功商人，不过你的心情完全可以和他们一样。

让人欣慰的交流方式

选择一种令人愉快的交流方式，是我这么多年致力于研究如何与人相处的原因。假如我们在日常生活工作中，能够发自内心地去爱人，那么，人们都会因感动而与我们合作。

几年前，我曾在伯洛克林兹文理学院举办了一个以写小说为主题的讲习培训班。当时，我们希望可以把著名作家请过来讲述他们的写作经验，比如诺里斯、赫司德、塔勃尔、许士等。于是，我与培训班的学生们联名给这些作家写了信，告诉他们，我们是多么喜欢他们的作品，态度诚恳地请求他们有时间时来传授一些成功的经验和诀窍。

每封信都有我们培训班150名学生的签名，而且我们在信中写道，知道他们工作肯定很忙，可能没有那么多的时间来培训班演讲，为了节省时间，我们又在每封信后面附上一张关于怎样写作的问题表，请他们可以填好了寄回给我们。结果，这样的做法受到了作家们的喜欢。他们总会抽出宝贵的时间从很远的家里赶到伯洛克林兹，为我们做关于写作的专场演讲。

我们还使用一样的方法，非常顺利地邀请到老罗斯福总统执政时期的财政部长、塔夫脱总统执政时期的司法部长等很多名人，来培训班做了多次演讲。

这么多年，我总是认真地了解那些才认识的朋友，然后牢牢记住了他们的生日。当然，我并不是为了研究星相学，只是纯粹地关注朋友。我是这样做的，首先我会和才认识的朋友见面聊天，问他们是否相信出生日期和人未来的性格、个性、兴趣有关系。然后，我请他们告诉我他们出生的年月日，我会记住这个生日，在他们走后，我还会将这些朋友的姓名、生日记录到我的一个笔记本上去。

就这样，我在几年时间里养成一个习惯，那就是将那些记录着朋友生日的笔记本的内容，誊写到我办公桌上的台历上去。每当到了我朋友生日的时候，我就会给他们发去祝福信函，或者发一封祝贺电报。当这些朋友收到我的贺电或信函时，他们非常开心，毕竟这个世界上除了他的亲人，还有一个我在他生日那天祝福了他。

我们获得朋友最快捷的方法就是对别人热情、和善。假如你接到别人打来的电话，我们也应该时刻保持亲切的语气：“嗨，你好！”对此，纽约电话公司很有发言权。因为他们曾经开办过电话接线员的培训班，并且要求培训人员在回答询问者所问的电话号码之前，再一次对询问者说一句：“很高兴为你服务。”

这样的处事方法对我们日常商业活动也是很有借鉴意义的。为了不浪费大家的时间，我仅在这里举一个例子。

查尔斯·华特曾在纽约一家著名银行上班。有一次，华特被指派去调查一家与他工作银行有业务来往的公司的财务情况。经过多方面调查之后，华特知道有一家实业公司的经理十分了解自己所要调查公司的财务情况。那就可以从那位经理那里获取自己想要的资料。所以，华特马上决定去拜访那位实业公司的经理。

华特刚走进那位经理办公室的时候，一位年轻女士从门外探进头来，对经理说：“这几天我这里没有什么好邮票给你。”听到这样的话，那位经理点点头，然后向来拜访的华特解释说：“我在为家里12岁的孩子收集邮票。”

华特坐下来就对那位经理说明了自己拜访的目的，然后对经理提出了自己感兴趣的话题。但是那位经理却心不在焉，模糊而又不很耐烦地应付了一阵，显而易见，他并不想把自己知道的情况告诉华特。之后，不管华特如何努力，那位经理就是不开口，这次见面就这样不欢而散。

后来，在华特感到无能为力时，忽然想到了那天那位女秘书跟经理的对话“邮票”“12岁的孩子”。同时，华特想到了自己工作的银行有外汇兑换部，由于业务的关系常常与世界各地银行通信，肯定会有不少稀有的外国邮票。华特想，看来这些邮票可以有作用了。

第二天下午，华特带着从银行外汇兑换部弄来的邮票去见那位经理。当然，在经理约见他之前，华特先通过秘书转告，自己这次来就是为他儿子送邮票的。结果，理所当然的，华特受到了很热情的欢迎。华特一走进门，那位经理就满脸微笑着迎上来，然后握住华特的双手。当他看到华特带过去的邮票时，更是笑得合不拢嘴：“呵，我儿子乔琪肯定会喜欢这张，看，这张更稀罕，这是我们平时很少可以找到的……”

这次华特与那位经理的见面氛围特别好，聊天也投机。双方先是聊了半个小时关于集邮的事情，那位经理还拿出自己儿子的照片给华特看。这之后，还没等华特开口问，那位经理就回答了华特所感兴趣的所有问题。然后，经理还花了一个多小时的时间为华特详细地提供了这次调查所需要的各方面材料。另外，经理还叫来了自己公司了解这个问题的职员解答他所不知道的问题，又给一些知情的朋友打了电话，反正尽自己的全部力量给华特提供他所需要的那家调查公司的财务状况的各项报告、相关文件。

永不消逝的感恩节

克纳福在费城一家煤炭厂做推销员，过去多年，他总是想把煤炭厂的产品推销到一家在美国有巨大影响力的联营百货公司。但是不知道是什么原因，这家联营百货公司只是向费城市郊一家煤炭厂购买，而始终不买他们煤炭厂的产品。而且，让克纳福十分愤怒的是，那家联营百货公司每次运煤都会经过他的办公室门前。因此，在我的培训班上课时，克纳福经常抱怨，还大声指责联营百货公司的垄断对国家以及社会所造成的潜在危害。

尽管他嘴上这样说，不过在心中却总是不服输。同时也在思考自己在那家联营百货公司怎么推销不出去产品。

为此，我向克纳福建议换一种方法推销煤炭产品，于是，我把培训班的成员分成两组，针对克纳福面对的问题进行了一场辩论会，主题就是“连锁性百货公司业务垄断发展，对国家与社会的危害”。克纳福愉快地接受了，并作为这次辩论会的反方参加，同意为那家他不喜欢的联营百货公司辩护。在辩论会开始之前，我让克纳福直接去见那位不买他产品的百货公司的负责人。

见到联营百货公司的负责人，克纳福马上直接说：“我这次来并不是向你推销煤炭产品的，我只是想请您帮个小忙。”然后，他就告诉那位负责人自己去的目的，接着请求说：“我这次来就是希望你可以为我们提供更多有关这方面的资料，毕竟除了你的帮助，我找不到其他可以让我在这次辩论中获得胜利的方法。”

那天，克纳福是怎么说服那位联营百货公司的负责人的呢？

他先是让秘书转告给负责人，请求对方给予他1分钟的时间，因此那位负责人才答应与他见面。当克纳福说明来意之后，负责人请他坐下。结果当然谈了不止1分钟，他跟那位负责人在办公室里聊了1小时47分钟。同时，那位负责人还给另一家连锁机构中写过相关书籍的高级职员打电话，向对方索要了相关的资料。这次聊天之后，那位负责人还给全国连锁性联营百货公司工会写信，要求为克纳福找来他需要的辩论记录。

后来，那位负责人聊到了自己所在的联营百货公司，表示非常满意和自豪现在的工作，认为自己所在公司已经做到了服务社会的宗旨。当那位负责人说到这些的时候，克纳福发现他眼睛里有一种热情的光芒。这让克纳福感到十分惊讶，他必须开拓自己的眼界，因为这次拜访让他看到了未曾看到的事情，也改变了过去他对那位负责人的看法。

当克纳福离开办公室时，那位负责人亲自把他送到公司门口，还亲昵地把手放在克纳福的肩膀上，预祝他在这次辩论会赢得胜利。最后，负责人对克纳福说："明年春末你再来，我愿意订购你们厂的煤炭产品。"

这件事对克纳福来说，简直就是不可想象的奇迹，其实在这次拜访中他并没有向他推销或请求他订购煤炭产品，但结果对方却主动要求订购。克纳福的诚恳打动了对方，而对方发自内心地想帮助他解决所遇到的问题。在接近两个小时的聊天中，克纳福在那里学到的比过去10年学到的东西还多。比起过去他只是关心自己和推销的产品，现在他更关心对方和对方所关心的问题。

克纳福或许还没意识到自己一不小心发现了真理，古罗马著名的诗人贺拉斯曾说："当我们对别人感兴趣的时候，也就是别人对我们感兴趣的时候。"

这实际上与所有的人际关系一样，只有发自内心的真情实感才可以表示出你的关切之情。这样做不但让付出真诚的人有所受益，也可以让接受这份关切的人收到好处。这本身就是双赢，会让当事人双方都受益。

马丁先生居住在纽约长岛，他的成长因一位陌生护士的关切产生了深刻的影响。那天是感恩节，马丁只有10岁，当时他住在一家市立医院，为第二天做一次大型的整容手术做准备。他当然明白，在未来几个月有一些限制和痛苦在等着自己。而马丁父亲已经去世，只有他和母亲居住在一个小公寓里，依靠社会福利勉强生活。那天正好母亲没时间来看他，一时间所有的寂寞、恐惧和沮丧的情绪袭来。尤其是想到可能母亲她此刻一个人孤单地在家里吃饭，没人陪伴，甚至可能没有钱吃饭，马丁的眼泪就忍不住流了下来。他只能把头埋在枕头下面悄悄哭泣，身体因无助的痛苦而颤抖。

这时一位年轻的实习护士刚好走进病房，她把枕头从马丁头上拿开，然后用手拭去他脸上的泪水。那位护士说："其实我跟你一样很孤单，因为今天我必须上班而没办法和家人一起过感恩节。"然后又说，"你是否愿意与我共进晚餐呢？"晚饭的时候，护士拿着两盘东西进来，有火鸡片、土豆泥、果酱和冰激凌。她一直和马丁聊天试图给他带去心灵的慰藉。尽管她本来应该是下午4点下班，不过那位护士却一直陪着马丁聊天、玩耍，直到马丁在床上睡着才悄悄离开。马丁在10岁之后还过过许多个感恩节，但是他始终对这个感恩节印象深刻，在这个感恩节，一个陌生的护士用温暖融化了马丁内心的孤独和沮丧。

微笑的力量

前不久，我在纽约参加了一次宴会。在会上，我看见了一位最近刚刚获得一笔遗产的妇人，只见她穿着昂贵的貂皮大衣，身上还装饰着珍珠和钻石，她的一身装扮可能是想给人们留下好的印象。但是她的表情看起来一点儿也不开心，看起来是那么自私而苛刻。她或许不清楚，女人的气质不是仅凭华丽的装扮所装点的，还需要好的表情。

司华伯曾说："我的微笑价值100万元。"他所想表达的其实就是这个真理。可以说，司华伯如今的成就来源于他那出色的人格魅力及出众的才能，尤其是他那无时无刻的微笑，就是他最大的魅力。

有一天，我花了一个下午的时间去拜访雪弗立，不过他不怎么喜欢说话，这和我过去所想象的根本不一样，也让我从一开始见面就觉得失望。直到后来他露出微笑的那个刹那，我才感觉空气变得和谐起来，当然，如果没有刹那间的笑容，雪弗立可能现在还在巴黎继承他父亲和兄长的行业，做一名木匠。

一个人的行动比语言更有影响力。当一个人面露笑容，就好像在说："我喜欢你，你让我感到快乐，可以见到你，我十分高兴。"

狗狗招人喜欢，我相信也是基于一样的理由。狗喜欢亲近人类，当狗看到人类的时候，那种发自内心的快乐是真的，一点儿也不作假，所以人们看到开心的狗狗，也会一样愉快。

发自内心的微笑是极具价值的，而那些应付给别人看的虚假笑容则是机械的，也就是我们经常说的皮笑肉不笑，不管是谁都能看出其中的虚假。

纽约一家规模很大的百货公司的人事部主任对我说："我不愿意雇用一个表情自私冷漠的博士，而宁愿雇用一个小学毕业证都没有但有微笑的女孩。"

美国一家大型橡皮公司的董事长根据他已有的经验，认为一个人是否对自己的事业感兴趣，决定他能否在这项事业上赢得成功。他说："有些人是带着浓厚的兴趣开展一项事业的，他们怀着信心和希望去工作。所以，从一开始，他们可以赢得一些成就；不过时间长了，他们慢慢感到倦怠和反感，再也没有任何兴趣去工作，于是他们的成绩也慢慢下滑，并最终失败。"

当你面露微笑地对着别人，别人也会用相同的样子来对待你。

在我的培训班上有很多商界人士，我曾向他们提出这样的建议：不管何时，也不管遇到了谁，每天都给人一个发自内心的微笑，一周之后回到培训班说说自己的感想和收获。

司丁哈丹先生也是我培训班的学员之一，他曾在纽约证券交易所工作，与所有人一样过着普通的生活。司丁哈丹结婚已经18年了，每天早上，他从起床到离开家去上班的这段时间里，从来没有对老婆露出过一次微笑，也不会打招呼。

后来，司丁哈丹按照我所说的，尝试着微笑了一个星期。有一天早上，司丁哈丹对着镜子洗漱时，忽然瞥见自己一张冷漠的脸，于是，他开始对着镜子告诉自己："看看你的脸，简直冰冷得像一块石头，现在开始放松，舒展开眉头，露出微笑，对，就是这样。"吃早饭时，司丁哈丹面露笑容，跟妻子亲切打招呼："亲爱的，早上好。"

司丁哈丹听我说过，当我们微笑着对别人时，身边的人肯定会感到意外。其实，他们不只是意外，那一刻妻子感到十分疑惑，愣住了，司丁哈丹明白，那是因为自己的表现给妻子带来了惊奇的快乐，这是妻子很久以来所期待的事情。这两个月，司丁哈丹家里的气氛变得跟过去不太一样了。

现在，司丁哈丹每天去办公室坐电梯时都会微笑着跟电梯员打招呼，对司机和银行柜台的工作人员也是这样。就连在交易所里，见到那些从来不认识的陌生人，他也报以真诚的微笑。

这样坚持没多久，司丁哈丹发现每个人见到自己时也是面露微笑。由于他一直以亲切关心的态度对待那些前来向自己诉说烦恼的人，渐渐地，他们遇到的棘手问题也变得容易解决了。司丁哈丹发现微笑带给自己巨大的财富，这是无法计算的。

司丁哈丹的办公室里还有另外一个经纪人，他们两人一起办公。那位经纪人雇用了一位优秀的年轻职员，自从司丁哈丹学会了微笑，那位年轻职员也慢慢变得跟他很亲近。这一切的变化让他感到开心和自豪，所以他向那位年轻人讲解了人际关系学这一新的处世哲学。这时司丁哈丹才知道，那位年轻职员刚刚到这个办公室时认为自己是一个严厉且情绪不稳定的人，但最近对他的认识改变了。

那位年轻职员对司丁哈丹说："看着你的微笑就感觉距离你很近，我也要学会不再挑剔别人，而是把赞美多多送给别人。我再也不会只关注自己的需求，而是要学会站在对方的角度想问题。我的生活随着环境的变化也发生了变化，现在我比过去更富有、更幸福，好像重新焕发了生命的光彩。"

可能有些人觉得习惯微笑是不容易的事情，其实这是有办法解决的。我们可以试一下：强迫自己微笑，尤其是一个人待着时，哼歌吹一下口哨，放松愉悦下来，即便自己不快乐，也要装得很快乐，渐渐地你就真的会快乐起来。詹姆斯曾说："一个人的行动应该跟随着他自己的感觉。不过其实，行动和感觉是随行的。所以，当你想愉悦起来时，就能够强迫让自己愉悦起来，这样就真的能够愉悦起来了。"

每个人都想获得快乐，都在寻找获得快乐的方法。当我们明白快乐是发自内心的，不是外界给予的，就能不费力地保持快乐。

不管你现在拥有什么，不管你是谁，处于何种情境，也不管你从事什么工作，只要你真的想快乐，就能够快乐起来。现在有这样两个人，他们从事相同的工作，职位也是一样的，薪资也是一样的，不过其中一个过得愉悦快乐，另外一个人却总是十分焦虑。理由是什么呢？很简单，就是因为他们各自的心情不一样。

莎士比亚曾说："好的东西和坏的东西本来就是没有区别的，只是因为每个人的想法，让它们有了不同。"

林肯说过这样的话："人的意念决定了他们是否快乐。"这句话很正确，下面这个故事可以很好地说明这个道理。

有一次，我正沿着纽约长岛车站的岩石阶梯向上走，这时不远处有三四十个行动不便的残疾儿童，只见这些孩子正用手里的拐杖很费力地沿着台阶一级级地向上走，有的孩子甚至需要别人抱着才能迈上一级台阶。但是让我感到十分惊奇的是，尽管那些孩子身有残疾，但他们脸上却露出了天真烂漫的笑容。

没过多久，我找到了这些孩子的学校老师，当我谈到那件事情带给我的感受时，那位老师说："确实，一个孩子感到自己这辈子都要以残疾为伍时，他的内心肯定是悲伤和沮丧的。但是当这种不愉快的心境过去之后，他也不得不继续在生活中找寻快乐。就像你看到的那样，他们的快乐其实并不比一个行动正常的儿童少。"

这件事带给我的触动非常大，我发自内心地对这些残疾孩子有了深深的敬意，因为他们给了我一个深刻的教训。

毕柯夫特准备与梵蓬柯离婚的那段时间，我曾与她待了一个下午。人们普遍会认为当时的她非常难过，其实真相并不是这样，那天下午她看起来很平静，心情也非常不错的样子。毕柯夫特是怎样做到这一点的呢？很简单，既然事情已经这样了，那就没有必要再去找寻不开心，应该做的就是忘记一切，找寻久违的快乐。

伯格可以说是全美最成功的保险商人之一，他曾经是棒球队里的一名三垒手，而他事业成功的密钥就是笑容。他发现了一个真理，那就是对别人微笑的人永远会受到别人的欢迎。这么多年来，伯格已经养成了一个好习惯，那就是在进入别人办公室前，在门外等待一会儿。在这等待的短暂时间里，伯格可以从记忆中找出让自己心情愉悦的一两件事，直到自己脸上露出发自内心的笑容，他才会走进别人的办公室。

因为伯格相信，对别人微笑尽管是一件不值得一提的小事，不过却与他从事的保险业务工作有密切的关系，甚至可以帮助他在工作上取得很大的成就。

在日常生活、工作中如何与人相处，以下有一些中肯的建议。但是，一定要记住，学习这些方法之后，需要在生活、工作中灵活运用，否则就只是纸上谈兵。

这些建议包括：每天走出家门的那一刹那，就昂首挺胸，收一下下巴，迎面让新鲜空气充满胸腔。每当遇见一个朋友，与他人握手时，必须集中精力地把自己的祝福与关心倾注在手掌里。别怕他人误会你，不要总想那些难过的事情，更不要让不喜欢的人进入自己的思想中，就这样，真诚地与朋友握手。

确定你内心到底喜欢做什么之后，鼓起勇气行动起来。只要你全神贯注地去做自己喜欢的事业，在以后的生活中，你就会发现抓住了可以抓住的机会。

每时每刻相信自己可以做好任何事情，对待他人真诚热情，做社会有益的事情。只有这样，我们才会随时反省自己不良的生活习性，将自己慢慢地变成一个非常有魅力的人。你还必须明白，心理暗示可以形成一种巨大的力量。

在生活中随时保持一种真诚、勇敢、积极的良好心态。只有好的心态，才可以激发出人的创造力。梦想和欲望可以成就任何事情，只要你真正想要且愿意去努力，就都会有所获得。所以，只要放松自己，相信自己的能力。

中国古人是极具智慧的，他们在民间流传着许多格言，其中有一句，我想你应该写一张纸条放在帽子里，便于随时都可以拿出来看。这句话格言就是“不笑莫开店”，假如你脸上没有微笑，那么就千万不要开店。

说到开店，弗雷克·依文在考林公司工作时，曾写出好几句富有真理的广告词：

在圣诞节露出微笑，这让你付出少却收获多。这让得到它的人受益颇多，付出的人却没有坏处。

微笑稍纵即逝，却把美好的东西永远地留在这里。富人需要它，穷人因它致富。

一个有微笑的家庭是快乐的，一个有微笑的交易是和谐的。微笑让疲惫的人得到慰藉，让失去信心的人获得力量，让难过的人变得开心，让天地柳暗花明。微笑是买不着、要不来、借不到、偷不到的。若你自己不给予，没有人会得到它。

圣诞节最后的时间是忙碌的，我们的店员可能由于太疲惫了，来不及把微笑送给你，那么，你是否愿意将自己的微笑留给他们呢？因为没有给他人微笑的人，自己更需要他人的微笑。所以假如你想让每个人都喜欢你，你要做的就是微笑。

记住别人的名字

吉姆从来没上过初中，但在他46岁的时候，却被4个大学授予了荣誉学位；他还曾当选过民主党全国委员会主席、出任过美国邮政部长等职务。

我曾因好奇专程拜访过他，并问他："可以告诉我，你成功的秘密吗？"吉姆用四个简单的字回答了我："能够吃苦。"我对他的回答并不满意，于是，我摇着头说："吉姆先生，你在开玩笑。"听到我的话，吉姆反过来问我："先生，那么你认为我为什么会成功？"我回答说："吉姆先生，我知道你有种特别的能力，就是可以随口叫出1万个人的名字。"但吉姆先生并不认为这是正确答案，他解释说："不，先生，你错了，我现在至少可以随口叫出5万个人的名字。"

可能你并不知道，吉姆先生出生在一个贫困的家庭。1898年，在纽约郊外的洛克雷镇发生了一起悲剧。那天村里为一位去世的小孩举行葬礼，全村的人聚集在一起准备去送葬。吉姆的父亲惠阿雷也在送葬行列中，他从自家马棚里牵出了一匹马，由于那时正值寒冬，下着大雪，马已经被关在棚里几天了，所以一旦自由了就非常欢乐，还把两条前腿高高抬起，惠阿雷想把马驯服，结果一下子被马踢到，摔倒在地上死了。就这样，洛克雷镇在一个星期内举办了两场葬礼。

惠阿雷给家里没留下多少遗产，他妻子和三个孩子只得到了几百元的保险金。当时，作为长子的吉姆只有10岁，家里的窘境让他不得不去一家砖厂工作。在砖厂，吉姆先是把泥沙搬到砖瓦模里，压成形状，再运送到烈日下晒干。尽管吉姆没有上过学，不过他血脉里爱尔兰人积极开朗的性格，让身边的每个人都喜欢上了他。

通过吉姆可以随口叫出5万个人的名字可以看出他记忆力的惊人，正是凭借着这种能力，吉姆帮助罗斯福进入了白宫。

当吉姆在一家公司当推销员时，他还兼任洛克雷镇的公务员。这时他已经自创了一套能够记住别人名字的方法。

吉姆的这套方法运用起来很简单，那就是，当他认识一个新朋友的时候，先问对方的名字，家里有多少人，以及对方的工作和政治观点。然后，吉姆就将这些情况牢牢地记下来。等到再次见到那位朋友时，即便见面时间间隔了一年，但他也可以拍着那个人的肩膀，问候对方的家人，甚至对方家里花草的情况。

就在罗斯福竞选总统的活动开展前的几个月里，吉姆每天都要写出很多信，给美国西部和北部各州的几百个朋友。之后，吉姆在19天内坐火车走遍全美20个州，行程1.2万英里，又是坐马车、汽车，又是坐轮船。吉姆每去一个地方，都要找朋友一起吃饭或喝茶，在进行一次真诚的聊天之后，他又开始下一个旅程。

吉姆回到东部之后，就马上写信给这次旅程经过的每一个城镇里的朋友，向他们要一份与他谈过话的所有人的名单。然后根据这份名单，又给成千上万的新朋友写私函。而这些信件的模本都是以“亲爱的某某”开头，以“您的朋友：吉姆”结束。

早些时候，吉姆与他人交往时发现了一个秘密，那就是：每个人对自己的名字，比对地球上其他所有名字加起来还要感兴趣。记住一个人的名字，并且可以在见面时轻易地叫出来，那就等于给他人一个巧妙而真诚的赞美。假如把一个人的名字写错，或者喊错，这不仅会让对方感到尴尬，而且还让自己处于十分不利的位置。

让对方觉得自己很重要

安德鲁·卡内基有一个“钢铁大王”的美誉，但其实他对钢铁的制造了解得并不多。那些为他工作的无数的员工，都要比这位老板更了解钢铁。

但安德鲁懂得如何为人处世，所以能够发财致富。早在他10岁左右，安德鲁就显现出卓越的组织能力与领导能力。他知道人们十分关注自己的名字，于是，他在后来的生活中善加利用这一秘诀，，从而赢得了与许多人合作的机会。

安德鲁在苏格兰度过了他的孩提时代。有一天，安德鲁在草丛里抓到了一只母兔子，然后拿回家养起来，不久之后，这只母兔生下了一窝小兔，不过安德鲁没有东西喂小兔。但很快他有了主意，他对周围的小伙伴说："假如你们中谁可以找到相当多的食物喂饱小兔，我就用你们的名字为小兔命名。"事实证明这个方法是有效的，而这次成功让安德鲁将姓名的重要性铭记于心。

许多年以后，安德鲁在商业活动中也使用此类的手段，这让他赚取了几百万美元的利润。当时他想和宾夕法尼亚铁路公司合作，而这家公司的董事长就是艾戈·汤姆森。于是，安德鲁在匹兹堡建立起一家"艾戈·汤姆森钢铁工厂"。假如你是艾戈·汤姆森，当宾夕法尼亚铁路公司采购钢轨时，你会将订单交给安德鲁吗？答案是显而易见的。

安德鲁在经营小型汽车业务时，有一次，他与乔治·布尔门发生了激烈竞争，这让他再次回忆起那只兔子给予的启示。

当时安德鲁所负责的中央交通公司正想得到联合太平洋铁路的订单，而乔治·布尔门所负责的那家公司也想获得订单。于是，两家公司相互争夺，结果导致他们在这桩生意中都没获取到利润。所以，安德鲁和布尔门都去纽约面见联合太平洋的董事。

一天晚上，两人在圣尼古拉饭店碰巧遇到了，安德鲁说："晚安，布尔门先生，现在的情况就是我们都丢了面子。"布尔门反问："你这样说是什么意思？"于是，安德鲁说希望两家公司合并，这样他们之间不仅没有竞争，而且还能够在业务上赢得更大的利益。

刚开始布尔门认真听着安德鲁内心的想法，不过并没有完全接受。就在即将结束这次谈话的时刻，布尔门道出自己关心的问题："那么这家新公司叫什么名字呢？"安德鲁立即回答说：

“当然，那肯定叫布尔门皇家汽车公司。”

听到这样的话，布尔门本来冷漠的表情一下子愉悦起来，他说：“安德鲁，到我的房间里来，让我们坐下来好好谈谈。”结果，就是这次谈话改写了一部工业史。

安德鲁这种能够记住并重视朋友和商业伙伴名字的方式，就是他的成功秘诀之一。他常常为能够叫出每一个员工的名字而自豪。在他亲任公司主管的时候，自己所掌控的公司、企业从来没有发生过员工罢工事件。

每个人都非常看重自己的名字，甚至不惜一切代价让自己的名字在历史上流传下去。即便情绪暴躁、飞扬跋扈的阿迪·巴纳姆先生，也曾因没有子嗣继承巴纳姆这个姓氏而感到烦恼绝望。他还非常愿意给外孙希柯·西雷支付2.5万美元，目的就是想让外孙将自己的名字改为“巴纳姆·西雷”。

过去几个世纪以来，那些贵族和有钱的商人都资助过艺术家和作家，目的也是希望他们在作品中表现现实中的自己。图书馆和博物馆里那些非常有价值的收藏，大部分都是来自那些一心想把自己的名字流传在世的人们。

有的人因为不愿意花费时间和精力，所以他们说记不住别人的名字。总是说“我太忙了”，不过难道他们比罗斯福总统更繁忙吗？就连罗斯福这样伟大的人都愿意抽出宝贵的时间和精力去记住别人的名字，哪怕是一个只有一面之缘的汽车机械师的名字也记下来了。

克莱斯勒汽车公司为罗斯福专门制造了一辆汽车，由于是总统专用车，因此这辆车有些特殊。当时，张伯伦和一名技术工人把汽车送到了白宫，他先是给罗斯福总统全面介绍了那辆汽车上的特殊装置，然后教他怎样驾驶。不过，张伯伦认为那天他从罗斯福总统那里学到的东西更多，他从罗斯福总统身上学到了为人处世的哲学。

张伯伦刚到白宫，罗斯福总统就出来迎接他，而且还满脸微笑，亲切地叫出他的名字，这让张伯伦十分开心。当张伯伦向总统介绍汽车的每个细节时，总统表现出一副很认真的样子，这种态度让张伯伦记忆深刻。

由于那辆车子是精心设计过的，能够完全依靠手来驾驶。于是，罗斯福总统在随从围着车子参观时就说："我觉得这辆车的存在真的是伟大的奇迹，你只要轻轻按一下按钮，车子就会启动，根本不需要费工夫，简直太完美了。当然，我自己对汽车制造知识并不太了解，如果我有时间，真想把车子拆开，看看它内部的动力结构到底是怎么样的。"

总统身边的朋友和工作人员都在夸赞这辆车，而罗斯福总统却对张伯伦说："张伯伦先生，我十分感谢你为我设计出这样一辆汽车，你一定花了很多时间和心血，这辆车子真的太棒了。"然后，总统关注了张伯伦设计的每一个细节，比如车辆内部的冷却器，特殊设计的后视镜，车内的钟表和前灯，座椅上的椅套，驾驶者的座椅，车厢里专门为总统设计并刻有他姓名缩写字母的行李箱。

不仅如此，罗斯福总统还特别将每个零件指给总统夫人、工业部长及其秘书们看，同时还叫来年老的黑人司机，嘱咐道：“乔治，你一定要帮我好好照顾这些行李箱。”

当张伯伦把驾驶相关方面的资讯介绍完了之后，罗斯福总统有些不好意思地说：“张伯伦先生，现在我必须回到自己的办公室了，因为到现在为止我已经让联邦储备委员会等待30分钟了。”

那天跟张伯伦一起去的那名机械师，尽管到达白宫时，他就被介绍给罗斯福总统，但其实他并没有机会跟总统交谈，而且总统也是第一次听到那位机械师的名字。那位机械师本来就是性格内向的人，那天一直躲在角落里。不过就在他们离开白宫之前，罗斯福总统找到那位机械师，然后握着他的手，叫出这个第一次见面且没有交谈过的人的名字，发自内心地说：“感谢你来华盛顿。”罗斯福总统那种诚恳的态度是在场的每一个人都可以感觉到的。

张伯伦回到纽约以后，马上收到了一张罗斯福总统亲自签名的照片，以及写了一小段话的致谢函。

牢牢记住别人的名字，让别人感觉自己受到重视。这是富兰克林·罗斯福清楚的一个最简单明确又最重要的赢得他人好感的方法。不过，我们中又有多少人会这样做呢？

当我们被介绍给一位不认识的人时，或许我们可以聊上几分钟，不过在说再见之后，我们大多数已经忘记对方的名字了。

如果想成为一名合格的政治家，那你所需要学习的第一课就是：牢记每位选民的名字。记住一个人的姓名在商业界和社交上的重要性，和在政治上是几乎一致的。

拿破仑的侄子法国皇帝拿破仑三世回忆过去时，曾自豪地说："即便我每天很忙，但我也能够记住我所见过的每一个人的名字。"

拿破仑三世能够做到这样其实不难，假如他和一个刚认识的人见面，并没有听清楚对方的名字，那么他就会说："不好意思，我没听清楚你叫什么。"如果他遇到的是一个不怎么常见的姓氏，又不知道怎么拼读，他会虚心请教："这个姓氏是怎么拼写的？"他在与人交谈时，还会把对方的名字在心中反复读上几遍，同时还将名字与这个人的体貌特征对上关系。假如这个刚认识的人在他眼里是重要的人物，拿破仑三世还会更进一步，当这个人走后，把那个人的名字写在一张纸上，认真地看，直到自己记住才将那纸撕掉。

当然，能做到这样都是需要花费时间和精力的。所以爱默生才这样忠告人们："一个人良好生活习惯的养成，都是由生活中一个个琐碎的细节组成的。"

避免与他人争论

我以自己的亲身经历告诉大家：永远不要与人争论。

我曾是赫赫有名的史密斯爵士的私人助理，在二战结束后不久的一个晚上，我参加了一个专门为史密斯爵士准备的欢迎宴会。在宴会开始后不久，一位坐在我旁边的人讲述了一个有趣的故事，他在讲的过程中，提到这样一句话："人类可以变得无比的粗俗，但那位神始终都是我们的目的。"或许是为了展现自己的博学，也许是为了增强语言说服力，然后这个人十分自信地对大家说："这句话出自《圣经》。"

我听了觉得很可笑，这个人明显犯了一个低级的错误。谁都知道，这句话根本不是出自《圣经》。当时的我并不太成熟，为了使自己看起来比他更博学，所以打算指出对方的错误。我说："这句话出自威廉·莎士比亚的著作，而并不是你所认为的《圣经》。"结果此话一出，那个人有些生气，他非常坚持自己的观点："你说什么？你说这句话出自莎士比亚的著作？真是可笑，这句话绝对是出自《圣经》。"结果，我与那位固执的先生争论了起来。

两个人争论了很长时间，谁也不认输。这时我看到自己的老朋友加蒙坐在一旁，这位朋友可是研究莎士比亚的专家呢。我感到一阵窃喜，于是我建议请加蒙来做裁判，来证明一下到底谁是正确的。但是令我万万没有想到的是，加蒙先生偷偷地用脚踢了我一下，然后说："戴尔，非常遗憾，这次你错了，这位先生是对的，这句话绝对是出自《圣经》。"听到这样的话，我感到不解，同时也觉得很难过，明明自己是对的，为什么加蒙反而说我错了呢？

回家路上，我忍不住问："加蒙，你是知道的，这句话就是出自莎士比亚。"加蒙点点头："确实，你没有错，但我们只是一个客人，为什么你非要证明他是错的呢？如果停止争论，保住对方的面子，那反而会让对方喜欢你，何乐而不为呢？”

我们应该把“永远避免正面冲突”这句话记在心里，或许当我们与别人争论不休的时候不会有人在我们旁边说这样一句话。但是，我们应该承认的是，我们的自尊心、虚荣心和优越感使自己根本听不进这句话，因为你想要通过争论来证明自己。然而，争论不休的后果只会是这样：不会有任何结果；只能使对方更加坚定自己的看法；你永远是失败者，因为你什么也得不到。

曾经我是一个执拗的辩论者，年轻的时候，很热衷于参加各种辩论活动。成年以后，我也十分热衷于研究辩论术，甚至还曾计划写一本有关辩论的书。但是，在从事了数千次的辩论之后，我得到了一个结论：避免辩论是获得最大辩论利益的唯一方法。

我总结了一些方法，或许能够对我们不再去争论不休提供一些参考：我们完全可以先让自己保持沉默；学会容忍别人所犯下的错误；当别人指责你的错误时，你应该欣然接受；你可有考虑运用改变题目的方法避免争论。

畅销书里的忠告

康斯丹是拿破仑的管家，他曾著有《拿破仑的私生活拾遗》一书，在书中写了拿破仑与约瑟芬打台球的故事，拿破仑知道自己的台球技术远远好过约瑟芬，不过每次打台球他还是想办法让约瑟芬赢，因为他知道只有这样做，约瑟芬才能高兴。

这个故事告诉人们一个千百年来一直不变的交际原则：我们必须让自己的顾客、朋友、丈夫或者妻子，在很小问题的争执上赢过我们。毕竟，争执斗嘴绝对不会把误会消除，只能凭借技巧、协调、宽容才能处理好与别人的关系。

当一位军官与同事发生争执时，林肯是怎么教导他的呢？林肯是这样说的："凡是想成功的人不会在私人的争执上浪费时间。因为他知道任何没有意义的争执都不会有助于解决任何问题，只会让人生气，让彼此失去理智。必须要在与他人拥有一样权利的事情上多一些让步。与其选择和一只狗争路，被它咬，还不如让出道路，即便当时把狗杀了，其结果一样也不能治愈你已经被它咬伤的伤口。"

有一本十分知名的畅销书《点点滴滴》，这本书将教会你如何让不一样的观点不至于成为争论：

第一，接受不一样的意见并记住这句话："在两个人意见完全不同时，其中一个必须保持沉默。"如果暂时没有想到一些问题，而这时有人向你提出，那就应该真诚地感谢。毕竟听到不一样的意见是让你避免重大错误的最好办法。

第二，不要相信你的直觉。当有人提出异议时，你的最初自然反应就是如何保护自己。这样做要特别小心，保持内心的淡然，而且随时关注自己的第一反应。因为这可能是你表现最不好的时候，而不是你最优秀的时候。

第三，当遇到不一样的观点时，控制自己的情绪。记住，你可以根据一个人在什么样情况下生气，来测定这个人的宽容和成就究竟有多大。

第四，先安静倾听。给那些有不同意见的人一个说话的机会，安静听对方把话讲完。不要抵触，不要防护和争论，否则只会增添双方之间的沟通障碍。要尽力去构建增进彼此了解的桥梁，不要让双方之间的误会加深。

第五，找到意见一致的地方。当听到对方不一致的意见之后，我们先找到彼此意见一致的地方。

第六，坦诚自己的错误，并如实讲出来。为自己所造成的错误致以歉意，这样做有助于消除反对者的武装和戒备心理。

第七，认真考虑对方提出的不同意见，这样的同意是发自内心的。因为有可能对方的意见是正确的，你同意考虑对方的意见是较为智慧的做法。如果等到对方告诉你“我早就告诉过你，但你就是不听”时，那你就十分尴尬了。

第八，真诚地感谢那些持有不同意见但关心你的事的人。所有愿意花时间向你表达不一样意见的人，必定和你一样关心同一件事。要把这些人当成帮助自己的人，这样或许还可以把那些反对者变成自己的朋友。

第九，暂缓采取行动，使双方都有时间认真考虑问题。可以问问自己：“那些不同的意见是否有可能是正确的？还是其中有一部分是正确的？他们所站的角度或理由是否有道理？我的反应究竟是在解决问题，还是只是在减轻一些挫败感？根据我的反应究竟是让反对者离开我还是亲近我？我做出的反应是否会提高别人对自己的评价？我将胜利还是失败？如果我胜利了，我会付出什么样的代价？如果我不说一句话，不同的意见会消失吗？这个难题会不会是我走向成功的一次机会？”

不要针锋相对

真·皮尔士是一位唱歌剧的男高音，他和妻子已结婚近50年了。当我问他维持婚姻的秘诀时，他说：“我和夫人在结婚时就定下协议。不管我们双方怎样有怨言，都将遵守这项协议。这项协议就是，当一个人在生气时，另外一个人必须安静倾听。因为如果我们两个人都在发脾气，那就不会有真正的沟通，有的只是很多的噪声。”承认自己或许错了，就可以避免不必要的争论。而且，还能够让对方变得和你一样宽容，让他认识到自己的错误。

罗斯福在白宫当总统时，曾坦言自己定下的最高标准：“如果每天我在处理事务上有75%的决定正确，那就表示这一天我已经做到最好了。”

假设这个所谓的最高标准是20世纪最受关注的人对自己的希望，那么我们又该如何给自己定下标准呢？

如果你能够肯定自己每天处理的工作有55%的正确率，那么你就相当了不起了。相反，假如你无法确定，那么你又有什么资格指责他人的荒唐和错误呢。

就算对方确实错了，你也可以用自己的肢体语言、面部神态、说话的语调暗示对方。如果你无法体谅他人的错误，甚至用语言指责、否定对方，你难道还奢望收到对方的感激吗？当然不会，而且是绝对不会的，因为你的否定将是对这个人的智力、判断力、自信心，以及自尊等给予直接的打击。这不仅不会让他改正错误，反而还会让他向你表示抗议。即便你使用柏拉图和康德的哲学逻辑跟他讲道理，对方也不会改变自己的意志。

你在没办法赢得对方同意时千万别说："既然你不愿意承认自己的错误，我会向你证明的。"你说这样的话，就表示在跟对方说："至少在这件事情上我比你聪明，而且我还可以找出证据来证明你的错误。"

这无疑是一种挑衅的行为，必然会引起对方极度的反感和不舒服，等不及你拿出证据，对方就已经想要向你开战了。即便你语气含蓄，也很难改变对方的意志，更何况还是处于双方发生争执那样特殊的情境之下。这时，我们最应该做的就是适当控制自己的情绪。

如果你想指出对方的错误，就不应该直言不讳，而是应该运用一种巧妙方式，这样才不会得罪他人。

吉士伯爵曾告诫儿子说："最聪明的人是不会告诉别人自己是聪明的。"这才是真理所在。

由于人们的观念是随着时间在发生变化的，比如我在20年前认为正确的事情，现在看来或许已经是错误的了。即便我在研究爱因斯坦相对论时，心中也怀有质疑的态度。或许20年后，我再回过头来看自己写的这本书也会有所质疑。年轻时我喜欢对任何事情随便下结论，但现在我已经改变了。就好像苏格拉底总是反复告诫我们："我所懂得的唯一的事，就是我一无所知。"

当然，我并不比苏格拉底更聪明，所以在这里我也在尽量克制告诉人们在平时生活中常常要面对的问题是什么，我觉得这样做对我自己也有益处。

如果有人说了你认为错误的话，你可以这样说，效果肯定是很好的："好的，我们探讨一下这件事情……因为我有一个不太成熟的建议。当然，或许我的看法是不对的，我常常把事情搞错，假如我不对，我愿意纠正过来……实际上我的意思是……"如果你这样说，那所有人都不会因你表达的反对意见而指责你的。

史蒂文森既是探险家又是自然科学家，他曾在北极生活了11年，其中有6年时间里只吃肉和水，没有其他东西能够吃。他那时候正进行一项试验，当我问他这项试验是做哪个方面的求证时，史蒂文森是这样回答的："一个严谨的科学家是永远不敢求证什么的，我做这个只是试着去寻找事物本来的面目。"

你希望自己的思维具有逻辑性，当然，没有人可以阻止你，除了你自己。只要及时承认自己犯错，就不会有其他事情带来困扰，也不会与人发生冲突。而与你一起工作的人，也会受到你这种自我批评的影响，在出现错误时及时反省。

如果你知道一个人犯了错，然后直言不讳地告诉他，或者训斥他，那么后面的结果是严重的。

S先生是纽约市一个年轻的优秀律师，前一阵子他在美国最高法院为一个非常重要的案子辩护，这是一桩涉及巨额资金和重要法律问题的案子。

在案件辩护过程中，审理这个案件中的一位法官问S先生："海军法的申诉期限是6年吗？"听到这样的话，S先生直视法官的眼睛，思考了一会儿说："法官先生，海军法里并没有这个条文。"这话一出口，整个法庭瞬间陷入一片安静，气氛降到了冰点。S先生知道自己是正确的，法官是错的，不过他当场指出了法官的错误，这是人们没有想到的。在这样的情况下，法官会做出什么样的判决呢？当时，S先生思考了很多，但他仍坚信自己讲的话在法律条款中是有根据可查的，他很清楚自己的辩护比过去任何一场法律辩护都要好。但是他错了，最后他还是没能说服法官。S先生最终知道自己失败的原因，那就是当众指出了那个有学问又在法学界有权威的法官的错误。

在生活中，只有很少的人才具有逻辑推理能力，而大部分的人依然怀有成见，每个人都不可避免地受到嫉妒、猜测、恐惧以及傲慢的伤害。大多数人根本不愿意改变自己的宗教信仰、长久养成的生活习惯，甚至是他们的发型。假如你决定告诉一个人他不对，那么我真诚地建议你每天吃早饭时再阅读一遍鲁滨逊教授所写的一段话：

"在生活中，我们有时会发现自己在无形之中改变了一些生活习惯或对这个世界的态度。不过如果有人指出我们的错误，我们会因面子受损而羞愧、愤怒，甚至怨恨那个指出我们错误的人。如果是因为生活压力改变了自己的意愿或生活习惯，我们是不那么在意的，不过一旦有人想要改变我们已养成的习惯，我们就会忽然变得固执起来，即便我们也意识到这些习惯对自己不好。之所以如此，仅仅是因为我们感到自己的自尊心受到伤害，而非我们强烈偏好那些坏习惯。”

人类最重要的词汇之一就是“我的”，假如可以适可而止地使用这个词，那就是智慧的开始。不论是“我的饭”“我的狗”“我的房子”“我的父亲”等，都具有巨大的力量。

我们并不仅是反对别人指出错误，而是完全不喜欢有人来纠正“我的错误”。我们很愿意将自己认为对的事情坚持到底。假如有人突然质疑我们，我们肯定会特别反感，然后使用各种方法来为自己辩护。

有一次，我请一位室内装潢设计师为我配置了一套窗帘，结果我看到他送来的账单吓了一跳。几天以后，我朋友来拜访时正好看到这套窗帘，我们在聊到价格时，他顿时讥讽道：“天哪，这个价格太贵了吧，也只有你才容易上当。”

她说的确实是实话，但是人们都不愿意听到这样的真话。所以，我全力为自己辩白：“价格高，那证明材质特别好。”

第二天，另外一个朋友来我家拜访，她看到我家的窗帘十分喜欢，并真诚地加以肯定，她说：“我也想买这样的窗帘。”听到她的话，我的反应跟前一天完全不一样，我马上对她说：“说真的，这套窗帘的价格有点贵，现在我自己都后悔惨了。”

当我们有错的时候，自己或许会承认。假如对方给予我们承认错误机会的话，我们则会从内心感激，完全不需要对方的提醒，自然就认了。但是强迫把不合适的话语送给我们听，不仅我们自己没办法接受，而且后果也是难以想象的。

美国南北战争时期，格利雷是一位与林肯政见不同的知名评论家。为此，格利雷常常在自己的政论文章里讥讽、辱骂林肯，自以为这样的方式会让林肯屈服。他总是坚持不懈地攻击林肯，甚至在林肯被刺的那天晚上，格利雷还写了一篇粗鲁、尖酸的文论嘲笑林肯。

难道这些尖酸刻薄的文章就能够让林肯屈服吗？当然，这是完全不可能的。

富兰克林的原则

《富兰克林自传》是一部非常有趣的传记作品，而且是一部文学名著。如果你想知道在生活和工作中怎么与他人更和谐地相处，如何把自己调整到最佳的状态，又如何完善自己的人格和品性，那你需要阅读一下这本书。

富兰克林在这本书中讲述了自己如何努力改变喜欢争执的不良习惯，最后慢慢成为历史上一个友善又善于外交的风云人物。

富兰克林年轻时是一个容易与他人发生争执的人。有一天，教会里的一位老教友把富兰克林拉到一边，语重心长地跟他说："兄弟，你的态度有些不妥，尤其是对持有不同意见的教友，你不应该用尖酸刻薄的语气去嘲笑他们。现在已经没有谁在意你的意见了，因为教会的兄弟都发现了，只要你在场，他们都会感到不快乐。你懂得东西似乎太多了，甚至于不需要谁来告诉你任何事情……但其实，你除了拥有现在的知识以外，却对其他的知识不甚了解，而且你真正知道的东西实在十分有限，你懂吗？”

老教友的一席话对富兰克林产生了很大的影响，可以说后来他的巨大成功都需要感谢这位老教友尖锐而真诚的指点。当时的富兰克林年龄已经不小了，他完全可以辨别那位老教友话中的深刻含义。他完全明白，如果自己还不改变的话，那结果就是自己会遭到其他人的唾弃。因此从那以后，他开始反省自己，并完全改掉了那些不良习惯。

自从那次之后，富兰克林为自己制定了一条与人交往的原则，不让自己在意念上和别人有相冲突的地方。他不再像过去那样坚持自己的意见，在和别人交流时，他将那些含有肯定意思的字词，比如“当然”“毫无疑问”，改为“根据我的判断”“按我的揣测”或“我想象”等模糊的话。当有人指出他的错误时，富兰克林首先提醒自己，马上在心理上放弃反驳对方的念头，然后转入委婉的对话……有些时候，对方所指出的可能是错的，不过现在的情形或许不太一样了。

没过多久，富兰克林就感觉到自己的改变所带来的益处。他与别人的每一次交流，都可以明显地感到比过去更愉快了。他能够以温和的态度向他人提出建议，而这样的建议可以很容易地被接受，他人也不会做出反对的行为。当人们指出富兰克林的错误时，他也并不感到生气、恼怒，在他自己观点正确时，更容易说服他人放弃错误的观点，并接受他的建议。

当然，富兰克林刚坚持这个原则时，他身体里的“自我”十分激烈地趋于反对的状态，但不知不觉地遭到抵触，后来就十分自然了，慢慢养成了习惯。在后来的50年中，或许已经没有谁听到富兰克林说出一句武断轻率的话了。在他看来，这就得益于他良好习惯的养成，每当他提出一项建议时，完全可以得到其他人满满的拥护与支持。对此，富兰克林说："我不擅长演说，口才也不好，说出的话也不是很具体，但是我的大部分意见和建议都能够获得普遍的接受与赞同。"

让反对者同意你的意见

凯瑟琳·亚尔佛瑞德是北卡罗来纳州王山一家纺纱工厂的工业工程督导员，她的一部分职责是制订各种激励员工努力工作的办法和标准，以使生产线可以生产出更多的纱线，也让他们可以从中赚到更多的钱。当时公司只生产两三种不同纱线，他们所采用的方法效果还是可以的。但是，最近公司扩大产品项目和生产能力，希望能生产出十二种不同类的纱线，假如使用之前的办法就不能以工人的工作量给予他们适当的报酬，所以也就没办法激励他们工作的积极性。

于是，凯瑟琳·亚尔佛瑞德设计出了一种新的方法，也就是根据每个工人在任何一段时间里所生产出来的纱线的等级，来给予这个工人一定的报酬。想出这个主意之后，她参加了公司会议，决定向厂里的高级职员证明自己的方法是对的。在会上，凯瑟琳·亚尔佛瑞德坚定地说明曾经用的方法是不对的，并指出这完全不能给予工人公平的待遇，然后她提出了自己的建议。但是，结果是显然的，凯瑟琳·亚尔佛瑞德失败了，由于她总为自己的新方法辩护，不留余地，希望那些人承认过去使用的方法是错误的，这让凯瑟琳·亚尔佛瑞德的建议流产了。

后来，她参加了我的成年人训练班，开始明白自己所犯下的错误。于是，回到公司的凯瑟琳·亚尔佛瑞德请求召开一次会议，这一次她先请他们说出问题到底出在哪里，然后一起讨论每个重要的问题，并请他们说出解决问题的最好办法。在合适的时候，凯瑟琳·亚尔佛瑞德以委婉的建议引导他们按照自己的意思把办法提出来。等到会议结束的时候，她提出的建议已经被大家愉快地接受了。

现在凯瑟琳·亚尔佛瑞德相信，如果直接指出一个人的错误，不仅收不到很好的效果，而且还会给别人带来伤害。毕竟，指责对方时，不仅伤害了他人的自尊，而且还使自己成为不受欢迎的人。

麦哈尼在纽约自由街4号专门经营石油作业者使用的特殊工具，来自长岛的一位重要顾客在他这里下了一批订单。当麦哈尼把设计图纸送上去后得到了肯定，于是立即开始制造工具。然后，新的情况发生了。那位顾客和朋友们谈起这件事时，被告知自己犯错了，被骗了，一切都错了，工具设计得太宽、太短，顾客的朋友把问题说得很严重。于是顾客打电话给麦哈尼，严词拒绝接受已经在工厂制造的那一批器材。

麦哈尼开始认真检查图纸，发现自己没有错误，他知道顾客和他的朋友们都是因无知在乱说。但是，麦哈尼认为如果这样直接告诉顾客，对方肯定不会接受。于是，麦哈尼决定亲自去长岛见那位顾客，他刚走进顾客的办公室，对方马上跳起来，并冲过来说话，情绪十分激动，一边说一边挥舞着拳头，好像要打架似的。他非常凶地指责麦哈尼说："现在好啦，你说说现在怎么办吧！"

麦哈尼十分冷静地告诉顾客，自己愿意按照他所要求的意思去办，毕竟他才是花钱买东西的人。麦哈尼非常诚恳地对顾客说："当然，你应该得到符合你心意的东西。但是，总有人为此负责才行吧。如果你觉得自己是对的，请给我另外的制造图纸，现在我们尽管为此已经花了两万美元的制造费用，不过我们愿意承担这笔损失费。只要你满意，我们宁可损失这两万美元。但是，我得提前提醒你，这次如果我们按照你坚持的做法施工，你就应该承担责任。不过假如你相信让我们按照原计划进行施工的话，那我们可以向你保证一切后果都由我们负责。"

这时顾客平静了下来，最后对麦哈尼说："好吧，那就按照计划进行，不过希望是对的。让上帝保佑你吧。"

结果麦哈尼是对的，后来那位顾客提出在本季度再向他订两批相似的货。

当那位顾客侮辱麦哈尼，在他面前挥舞着拳头，说他是外行的时候，麦哈尼真的需要高度的自制力才不至于和他发生争执。不过事情的结果说明这样做是很有效果的。如果当时麦哈尼直接说对方错了，一开始就与对方争执起来，那很有可能会惹来一场官司，就会破坏双方多年来培养的业务感情，金钱损失还是次要的，重要的是会损失一个重要的客户。

其实，这类事例是很常见的。

过去很多年，纽约泰洛木材厂的推销员克劳雷总是指出木材检验员的错误，每次都与检验员产生争执并赢得胜利，但除此之外再也没有得到什么好处。而且，由于他太喜欢争辩，导致木材厂蒙受了上万美元的损失。后来，克劳雷参加了我的学习培训班，改变了自己喜欢争执的毛病。

有一天早上，克劳雷办公室的电话响了，那是一个生气的顾客打来的。顾客在电话里告诉克劳雷，他们收到的木材完全不符合标准，他已经命令员工停止卸货，并在电话里要求克劳雷马上想办法把木材运走。原来，当顾客卸下四分之一的木材货物时，他们的木材质检员表示木材在标准等级以下的有55%，在这样的情况下，顾客当然会拒绝收货。

克劳雷得知这样的情况之后，马上亲自去顾客的工厂。在去的路上，克劳雷在心中思考怎样解决这个问题。假如平时遇到这样的情况，克劳雷会引证木料分等级的各种条款，以及自己从事木料检验员多年的经验和常识去说服那位检验员。当然，他非常确信自己送过去的木料是绝对符合标准的，由于那位检验员判断失误才会出现这样的情况。但是，在处理这件事上，克劳雷打算采用跟过去不一样的方法。

到了那家木材加工厂之后，克劳雷发现他们的采购员和检验员态度十分恶劣，好像不准备用谈判的方式与自己交涉。克劳雷先是跟他们来到卸木料的场地，要求他们继续卸货，便于自己看看哪些木料不合格，然后请质检员把他认为合格与不合格的木材分开放。

经过一番观察，克劳雷发现是那位质检员搞错了，他的检查太过于苛刻，而且搞错了质检规则。这次的木料明明是松柏，而这位质检员却更擅长硬木知识，他看上去并不了解松柏。当然，克劳雷是非常了解松柏的，不过并不能因此去辱骂那位不熟悉业务的质检员。克劳雷先是观察质检员如何检验，然后尝试性地问对方哪里不合格。当时克劳雷没有任何暗示或指责他使用的方法是不对的，他只是做了相反的暗示，那就是为了以后送木料时不再发生错误，所以才不断向质检员请教。

克劳雷用积极友善的合作态度和质检员进行交流，同时还夸奖对方做事认真、能干，说他找出不合格的木材是正确的。这样一交流，本来那种弥漫在两人之间的紧张气氛慢慢消失了，关系也变得友好起来。这时克劳雷开始非常自然地插几句经过认真思考的话，让质检员觉得那些认为不合格的木材其实是合格的，由于他说得小心翼翼，所以让质检员感觉这话不是故意说的。

质检员的态度慢慢改变，最后他不得不说自己并不是很了解松柏的知识，并开始向克劳雷请教。于是，克劳雷便向质检员解释，哪样的松柏才是合格的木材。同时，克劳雷说："假如这次的木材不合格，你们一样可以拒绝收货。"最后，那位质检员发现自己错了，原因就是他们并没有在订货时说清楚对木料的要求。

克劳雷走了之后，那位质检员重新检验了全部的木材，而且全部接收下来。当然，克劳雷也收到了一张即期支票。

克劳雷从这件事上得到了宝贵的经验，与他人相处，只要运用合适的聊天技巧，当对方有了错误时，不直接指出对方的错误就可以起到很好的效果。

在处理木料事件时，他就是这样做的。这样不仅为公司节约了资金，而且还赢得了客户的信任，尤其是后者，那是无法用金钱衡量的。

有人问和平运动者马丁·路德·金："为什么你会这样崇拜美国当时官阶最高的黑人军官丹尼尔·詹姆斯将军？"他回答："我判断别人是根据他们的原则，而不是根据我自己的原则。"

同样的事情发生在罗伯特·李将军身上，在美国南北战争时期，有一次，罗伯特·李将军在南部联邦总统杰佛生·戴维斯面前赞扬了属下的一名军官。结果在场的另一位军官非常奇怪，他说："将军，你知道吗？你刚刚赞扬的那位军官可是你的对手啊，他总是会用恶语攻击你。"李将军回答说："是的，不过总统问的是我对他的看法，而不是他对我的看法。"

总而言之，不要总跟他人争辩，也别说他错了，更不要刺激他，而要巧用一些交际手段去解决问题。

认错的妙用

我从家里步行一分钟就可以到森林公园，因此，我经常带着自己的小猎狗雷斯去公园散步。由于平时在公园很少碰到人，而雷斯看起来很友善，所以，我常常不给雷斯系狗链或者戴口罩。

有一天，我在公园遇到了一个警察，警察看见雷斯既没有系链子也没有戴口罩，就十分严厉地说：“你为什么让你的狗跑来跑去而不给它系上链子或戴上嘴套？你难道不知道这是违法吗？”我低声回答：“是的，我知道，不过，我认为它不至于在这儿咬人。”警察提高了嗓门：“你不认为？！法律是不管你怎么认为的，它可能在这里咬死松鼠或小孩！这次我不追究，假如下次再让我碰上，你就必须跟法官解释了。”我照办了，但是，雷斯不喜欢戴嘴套，我自己也不喜欢这样做。

又一天下午，我正和雷斯在山坡上赛跑，突然，他看见了警察骑着马过来了，我想：这下栽了！我决定不等警察开口就先认错，我说：“先生，这下你当场逮到我了，我有罪，你上星期警告过我，若是再带小狗出来而不给它戴嘴套，你就要罚我。”警察语气很温和地说：“好说，好说，我知道没有人的时候，谁都忍不住要带这样一条小狗出来溜达。”我表示赞同：“的确忍不住，但这是违法的。”警察反而安慰我：“哦，你大概把事情看得太严重了，我们这样吧，你只要让它跑过小山，到我看不到的地方，事情就算了。”

如果我们犯了错误，而又免不了受责备，何不先自己承认错误呢？毕竟，自己谴责自己比挨被别人指出错误要好受得多。因此，很多时候，主动承认错误比别人提出批评后再认错更容易得到别人的谅解。承认错误是一个人最大的力量源泉，同时，正视自己的错误将得到很多错误以外的东西，因为敢于认错本身就具有很大的价值。犯错并没有什么关系，重要的是勇于认错。当我们在与人沟通的时候，如果能主动承认错误，这对于求得谅解是很有作用的。毕竟，人们往往不好意思谴责一个主动承认错误的人。

假如我们已经知道自己犯错就要受到责罚时，那就可以先求得自责的机会，说出自己错在哪里，这肯定要比从别人嘴里说出来好很多。

因此我们要快速找机会承认自己的错误，一定要在别人责备之前。当我们自己说出对方想说出来的责备的话时，对方就无话可说了。这样，我们就有很大的几率赢得对方的谅解。

华伦是一个商业画家，平时主要为广告商和出版商画画，这当然需要具备非常好的技术。当然，有时会遇到编辑要求马上完成他们交代的事情，这样就不可避免会在绘制图画时犯一些细节上的小错误。在华伦所认识的人中，有一个负责美术方面的客户，最喜欢挑剔，他常常与他人发生冲突，最后搞得不欢而散。当然，华伦在意的并不是这位美术编辑要求很严格，而是他指出的错误往往是不恰当的。

有一次，华伦交完画稿，没多久就接到了编辑打来的电话，要求华伦马上过去见他。意料之中，等华伦赶过去，那位美术编辑正非常生气地看着他。华伦突然想起在我的学习班里学会的“主动承认错误”这个招数，想马上试验一下。于是，华伦说：“先生，我知道您生气，这是我工作上无法原谅的错误，我给您画了这么久的画，应该明白如何去画才是……对此，我感到十分抱歉。”

那位还在生气的美术编辑听到这样的话，马上主动为华伦辩护：“尽管是这样说，不过总体还是值得肯定的……只是……”

华伦马上打断对方的话：“不论效果如何，总会受到影响的，读者看了会不喜欢。”这时编辑想插句话，但华伦完全不给对方说话的机会，他开始陷入自我批评之中，尽管他本人并不太愿意这样去做。他接着说：“平时您照顾我很多生意，我当然应该尽全力完成您所需要的东西。这幅画我带回去，马上重新给你画。”

这时美术编辑摇摇头说：“不，不，我不想耽搁你的时间。其实我所需要的只是一个很细微的修改，而这个细微的错误并不会对公司造成什么损害，这就是一件细微的事情，希望你在这件事上不要太在意。”编辑带着很大的诚意说道。

鉴于华伦迫不及待的自我批评，本来非常生气的编辑渐渐平和了下来。最后，编辑还邀请华伦一起吃午餐，在他们分手之前，还签了一张支票递给华伦，给了华伦另外一份工作。

愚蠢的人只会在自己犯错时，尽全力地为自己所犯下的错误进行辩护，而一个主动承认自己错误的人，却可以给对方一种尊贵和品德高尚的印象。

匹克德本身是一个英俊潇洒、极有风度的年轻人。他有一头褐色的披肩长发，就好像意大利战役中的拿破仑一样，每天除了打仗就是写情书。在南北战争的时候，匹克德领导的葛底斯堡冲锋战是西方战争史上最为光荣、生动的战役之一。南方李将军将匹克德在葛底斯堡战的失败归结于自己的失误，并开始自我批评，可以说这是他做过的最完美的事情。

那是一个悲惨的7月，一天下午，匹克德斗志昂扬地骑着自己的战马向联军阵地出发，那威武的姿态赢得了旗下所有士兵的称赞，大家都跟着匹克德向着前线挺近。即便是远远观看的北方联军看到这支军队，也不由得发出暗暗的赞许声。

匹克德率领着自己的部队快速向前行进，一路上经过果园、农田、草地，越过峡谷，即便不断有北方联军猛烈袭来的炮火，但匹克德的部队依然勇敢地向前推进。

忽然，匹克德军队后面涌出了埋伏在墓园石墙隐蔽处的北方联军，很不幸，他们被包围了，没有丝毫准备的他们所面对的是扑面而来的北方联军不停的扫射，顿时，到处都是火光，就好像火山爆发一样。于是，匹克德所率领的五千名战士在短短几分钟之内几乎损失了五分之四。

匹克德只得率领剩下的部队，穿过石墙，用军刀挑起自己的军帽开始激励所有的士兵向前进："兄弟们，冲啊！"

一刹那间，他的举动大大增强了军队士气，所有剩下的战士越过石墙，正面抵抗北方联军，经过一番异常激烈的肉搏战之后，最后匹克德率领的南方军队将战旗插上了山顶。

尽管这次战争时间十分短暂，但看到南方军队的战旗高高地飘扬在山顶上，这意味着南方盟军赢得了与北方联军开战以来最大的胜利。

尽管匹克德所率领的剩余部队在这场战争中赢得了人们的大加赞赏，不过这也是南方统帅军事生涯结束的前兆，因为李将军明白自己的部队再也不能向北方前进了。这意味着南方军队战败了。

李将军率领的南方军队遭受重创，他怀着极度悲痛的心情向南方同盟的领导人戴维斯总统递交了辞呈，请总统另外委派更年轻勇敢的人来领导南方军队。如果李将军将匹克德战败的责任推给其他人的话，他完全可以找出十几个、二十个，甚至无数个理由出来，他随便就能够列举无数的理由，诸如长官不负责任、援助迟迟不来、炮兵部队没有及时跟进协调步兵作战等。

不过，李将军没有将责任推卸给其他人。他一个人骑着马迎接匹克德率领剩下部队归来时，很严肃地做了自我批评："这次战役的失败，我应该负全部责任。"

李将军的这份勇气和品德，以及勇敢承担自己军事上决断的责任心，或许在整个人类战争史上都是少有的。

赫巴特是一个擅长引导读者情绪的作家，不过他文章里那些嘲笑人的词语常常会激发出人们的不满情绪。但是，他却有一套自己的待人处世原则，常常让那些原本的敌人成为他的好朋友。

当非常生气的读者写信对赫巴特的作品大加批评时，他会在回信中说："你说的一点儿也没错，当我阅读完你的信件，自己也认真思考之后，连我都没办法完全同意自己的想法。昨天写到的这些，到现在看后更觉得没什么意义。我现在特别想知道你对这个问题的详细看法，假如下次你到我家附近，我很欢迎你来家里坐坐，这样一来我们就可以对这个问题进行深入的讨论。”假如你是那位读者，收到了这封信会怎样说呢?

假如我们是对的，就需要巧妙委婉地让别人同意自己的观点。但是假如我们错了，就需要快速、坦白地承认自己的错误。在平时生活中轻松自如地运用这种自我批评的方法，不仅可以赢得出人意料的结果，而且在大多数情况下，这比为自己错误进行辩白有趣得多，这就是认错的好处。

请记住古人用经验教训换来的这句话：“争夺，不会让你获得更多。但是当你开始谦让时，你却可以获得比你所期望的更多。”

太阳和风的寓言

林肯在一个世纪前曾说：“一加仑的胆汁并不能比一滴蜂蜜捕捉到更多的苍蝇。”这是一句古老而真实的谚语。待人亦是如此，如果想让别人同意你的意见，首先就必须让他相信你是他最诚恳的朋友，这样你们的关系就会朝着好的方向发展，就好像他尝到了一滴蜜蜂的甘甜。

杜普伊说：“真诚是灵魂的面孔，虚伪则是假面具。”真诚是可贵的，它就像一把钥匙，在我们的感情中穿梭，为我们打开我们自己不小心关上的情感大门。而真诚恰如温暖的阳光，清甜的雨露。说话也是一样，如果只是一味地强调说话本身，而不带一丝真诚，那么就缺少说服力。如同推销员或者是演说家，滔滔不绝，一泻千里的语言虽然流畅优美，但如果缺少真诚，那就失去了一定的吸引力，如同一束没有生命力的绢花，很美丽但不鲜活动人，缺少魅力。真诚不仅能温暖我们的心扉，也能滋润我们的心田。真诚的一句话能使我们在紧张的气氛中轻松，能使我们在僵持的局面中缓和矛盾，在真诚面前，再大的矛盾也会冰消融化。

1915年，在科罗拉多，人们最仇恨的人就是洛克菲勒，美国工业史上规模最大的罢工浪潮在这个州持续了两年。矿工们要求富勒煤铁公司提高工人工资。当时这个公司由洛克菲勒主持，愤怒的罢工者砸坏机器，拆毁设备，因此导致了军队的干预并发生多起流血事件。就在人们对洛克菲勒充满愤恨的时候，他却把罢工者都争取到自己这一边来。洛克菲勒为了争取罢工者，向罢工的工人代表发表了热情洋溢的讲话，他真挚的讲话堪称杰作。

他表示了极大的真诚和友好，甚至发出了肺腑之言："朋友们，我为今天能在你们面前讲几句话而感到自豪。我已经拜访了你们的家庭，见到了你们的妻室儿女，可以这样说，现在在这里相聚的不是局外人，而是朋友！今天是我一生中值得纪念的日子，我为能和这个大公司的工人代表、职员和管理人员第一次在此相会而感到荣幸。请相信，我为此而自豪并永远记住这一天。假如我们相聚在两个星期之前，对你们中的大多数人来说我还是个陌生人。因为那时仅有个别人认识我。在拜访了你们的家庭并和你们当中不少人进行交谈后的今天，我可以有把握地说，我们是作为朋友在这里相聚的……"最终，洛克菲勒以真诚打动了工人，不但安抚了大家愤怒的心，还成功地把他们争取到自己的这一边。

当洛克菲勒面对的是几天前还想把他绞死的人的时候，心中并没有暴怒，更多的是用真诚的话语安抚工人们愤恨的心情。他热情洋溢的演讲，发自内心的肺腑之言，没有白费，工人在真诚的话语中，慢慢放下对他的愤怒，而重新作为朋友站在他身边。洛克菲勒正是用自己的真诚打动了工人的心，最终化敌为友，把工人争取到自己这一边来。足见，洛克菲勒的那份演讲，不仅仅需要专业技能，更需要足够的真诚。

多年以前，我住在密苏里州的西部。每天上学都要光着脚经过一片树林。有一天，我读到一篇关于太阳和风的寓言故事：

太阳和风在比谁的力量大。风对太阳说："我马上就给你展示我的力量……你看前面那个穿风衣的老人没？我立即让他把风衣脱下来，你就知道我的力量多大了。"

马上，大风刮了起来了，越刮越大，气温越来越低，但是风越刮，老人却把风衣穿得越紧。最后，风不得不停下来。这时太阳露出了笑容，它用阳光温柔地照射在老人身上，不一会儿，老人一边擦着脸上的汗水，一边脱下了风衣。这时太阳说："看见没，愤怒和暴力永远都比不上温柔和善的力量。"

豪斯上校的技巧

人们对于自己发现的思想，总是比别人用银盘子装着交到自己手上的那些思想更有信心。那么假如我们想把意见强加给对方，那就是比较差劲的做法。智慧的方法，当然是先提出建议，然后让对方自己得出结论。

威森先生是一个推销员，他为一家服装图样设计公司工作。当然，他几乎每个星期都要去纽约见一些知名的买主，在过去3年，他一直从事的就是这样的工作，而且曾经把大笔应得的佣金都损失掉了。因为那些买主从来不拒绝见威森，但是却从来不买他的图样。每次那些买主都是仔细地翻看威森带去的图样，然后说：“不行，威森先生，看来今天我们依然没办法做成一笔生意。”

就这样失败150次之后，威森发现自己太保守了。于是，他决定每周抽出一个晚上来我的培训班学习，研究人际关系，以及提出新观点、激发新的热情。过了一段时间，威森决定试一试新的方法。

一天，威森带着几张设计师未完成的图样，走进买主的工作室，说：“我希望你能够帮我一个忙……我手里有几张没有设计完的图样，你能否告诉我，到底怎样完成才符合你的需要呢？”那位买主沉默地看了看图样，接着说：“威森先生，不如你先把图样放在这里，过几天我们再来聊这个事。”

几天后，威森再次拜访了那位买主，在认真听取了对方的建议后，威森把图样带了回去，按照买主的意愿设计完了。当然，这次的交易自然成功。自从这次交易成功之后，那位买主又订购了十几张图样，几乎全部按照他自己的意思设计完成的，就这样，威森赚了1600多元的佣金。

直到现在，威森才知道过去自己失败的原因。以前，他总是强迫买主买自己觉得他需要的图样，但是现在威森用跟过去完全不一样的方法。就是先请对方说出建议，让买主觉得那些图样是他自己设计的，现在，即便威森不去向他推销，买主也会主动购买的。

罗斯福在纽约做州长时，完成了一项巨大的成就。罗斯福不仅和政党的关键人物保持友好的关系，而且让他们对之前曾反对的改革措施表示了同意。那么罗斯福到底是怎么做的呢？

当重要职位出现人员空缺时，罗斯福就请那些政党要员推荐接任的人选。一开始，那些政党要员推荐的都是不怎么受欢迎的人，于是罗斯福对他们说："任命这样的人不好，而且民众也不会同意的。"接着，又推选出一个人，虽然这个人没什么值得批评的地方，不过也没获得什么成绩。于是，罗斯福说："这个人没办法达到民众的期望，希望你们能选出更适合这个职位的人。"第三次，那些政党推荐的人看来差不多行了，但是罗斯福依然不怎么如意。

为此，罗斯福向他们表示了感谢，请求他们再尝试一次。到了第四次，他们终于推荐了罗斯福需要的人，于是罗斯福对他们的帮助表达了感激之情。然后，就任命了那个人，而且将任命那个人的功劳归于他们。借助这个机会，罗斯福对他们说："我做的事情让你们感到愉快了，现在，轮到你们做一些可以让我愉快的事情了。"

罗斯福相信，对于自己提出的这件事，那些党政要员们也十分愿意去做，正是那些人对政府诸如选举权、税法及市公务法案等重大的改革采取了支持态度。

不管什么事情，罗斯福都会尽量地征求别人的意见，而且尊重他们的建议。尤其是当罗斯福任命重要职位时，会让那些党政要员感到可以选出合适的人选都是他们的功劳。

一位汽车商在长岛卖汽车，过去，他总是将每一辆汽车都展示给一对苏格兰夫妇。结果那对苏格兰夫妇总是很挑剔，嫌弃这个嫌弃那个，这让汽车商感到很郁闷。

那位汽车商加入了我的培训班，并请求帮助。我让他不要强迫那种意志不确定的人买汽车，要让对方主动购买，也不用告诉对方哪种牌子的车才合适。反正就是要让顾客觉得最后的决定是他们自己的意愿。听了我的话，汽车商决定换一种方式去推销。

几天之后，有一个顾客决定把自己的旧汽车换成新的。汽车商马上想到了那位苏格兰夫妇，或许他们会喜欢这种老式汽车。于是，汽车商给苏格兰夫妇打了电话，说自己需要帮助。没过多久，那个苏格兰男人马上就过来了。汽车商说："我知道你很擅长购物，所以想请你给这部旧车估价，之后我就心中有底去做新旧交换的生意了。"

听到这样的话，那位苏格兰男人微笑了，终于有人请自己帮忙了，自己也算是被人看得上了。他先亲自驾驶车子转了一圈，然后说："如果你能以300元买进这辆车就算是得了便宜。"于是汽车商问："假如我300元买进这辆车，然后再卖给你，你会买吗？"当然，那位苏格兰男人自己估价，是他自己选择的，然后做成了这笔生意。

一位X光仪器制造商，使用了同样的方法把一批仪表机械卖给了勃洛克林市的一家大医院，而且获得了不菲的利润。原来这家医院计划增加新部门，需要引进一套最好的X光仪器设备，由于是L医生负责此事，当即就有大堆的推销员将他团团围住。

其中一位制造商却别出心裁，他给L医生写了一封信：

“最近我厂一套X光仪器完成了，第一批货已经运到了我们的办事处，虽然不能说十分好，但是我们还会进一步做出改进。不知道你有空余时间来我们这里参观一下吗？希望能听到你提出的好建议，以便于我们做出改进达到你的要求。假如你可以赏脸光顾，我们将非常感激。我知道你平时工作十分繁忙，请告诉我你定下的时间，我将派车过去接你。”

当L医生接到那封信时，非常惊讶，虽然在意料之外，但非常高兴。毕竟，他是第一次收到X光仪器制造商的请教，他感到自己备受重视，而且觉得十分荣幸。尽管在那个星期，L医生很忙，不过他特地取消了一个约会，亲自去看了那套新仪器，结果是非常满意。对L医生来说，自己并不是被强迫买下那套仪器，确实是因为他本人觉得不错，才做出了购买的决定，完全是出自他内心的愿望。

威尔逊总统在执政期间，爱德华·豪斯上校对其有非常巨大的影响力，诸如在总统处理国内以及国际事务上。相比较内阁，总统对豪斯上校的秘密咨询及意见更依赖。可能，你非常好奇豪斯上校是如何影响威尔逊总统的，幸运的是，我将告诉你们这个秘密。

亚瑟·何登·史密斯在《星期五晚邮报》一篇文章中引述了豪斯所透露的消息。

豪斯认识威尔逊总统之后，他发现要改变总统看法的最好方式就是把这个新观点很自然地转移到他心中，让他产生兴趣，这样就能够让他常常想到这个新观点。这个方法很有效，当然，这源于豪斯的一次意外收获。

有一次，豪斯去白宫拜访威尔逊总统，催促他执行一项政策的实施，显而易见，总统并不太赞同这些政策。不过几天之后，令豪斯惊讶的是，威尔逊总统竟然在餐桌上将他的建议当作他自己的意见提了出来。

你觉得豪斯上校会走过去说："这不是您的主意，而是我想出来的。"当然不会，豪斯上校是不会这样做的。他十分老成，也不喜欢追求荣誉，他想要的只是事情的结果。所以，他就让总统继续认为那就是他自己的想法，让威尔逊总统赢得那些当众称赞的荣誉。

大家请记住，你们每天需要接触的每个人，都会具备威尔逊所具备的那种人性的弱点。因此，我们不如用一下豪斯上校的人际交往原则吧。

几年之前，我决定到新勃伦斯维克去钓鱼、划船。当时，我给旅行社写信询问这方面的资料，希望他们可以帮忙安排一下。显而易见，各个接待处都收到了我的姓名和住址。相应地，我也收到了野营区和向导寄来的信件和小册子，数量繁多，我都不知道怎样选择。

这时有一家野营区的负责人把他们过去接待的几个住在纽约的客人的名字和电话发给我，希望我能通过给这些人打电话而调查这家野营区的服务。当我收到这张名单时，居然发现有一个我认识的人，于是我给那人打了电话，向他打听那家野营区的具体情况。之后我马上打电话给那位野营区的负责人，告诉他我到达的日期。

尽管每家负责人都会以非常热情真诚的服务期待我的光临，但是只有那家野营区负责人可以让我心甘情愿地接受他的服务。

感情的化学反应

你知道吗？世界上有一个神奇的句子，那是一个能够停止争论，消除误会，赢得好感，让人们能够听你说话的句子。

确实，真的有这样一句话，从一开始，你就可以说：“我丝毫不会指责你所做的一切，假如换作是我，也会做出这样的决定。”

即便是世界上最聪明固执的人，当他们听到这样一句话，也会马上态度缓和下来。但是，前提是你说这句话是发自内心的，因为假如你是他，你们的感受必然是相同的。

你之所以成为现在的样子，从你自己来说，能够造成这样的原因很多。而有的人成为不讲道理、让人生气的样子，从他自己来说，也没有什么不对。你需要做的就是为那个可怜的人感到惋惜和同情。

每天我们所遇到的人中或许会有大部分人都在渴望别人的同情，假如你可以同情他们，他们就会对你友善。

我曾在一次播音演讲上说到《小妇人》一书的作者奥尔科特女士，我当然知道她生长的地方是马萨诸塞州的康考特。但是由于一不小心，我竟然把这个地名说成了新罕布什尔州的康考特。假如这种错误只出现一次可能还可以被原谅，但是我却一连出错两次。

演讲之后，我收到了很多的质问、指责，甚至是讽刺的信件和电报，就好像有一大群嗡嗡的野蜜蜂围着我一样。其中有一位居住在费城的老妇人，她从小生长在马萨诸塞州的康考特，她给我写了一封非常愤怒的信件，让我忍不住惊呼："天哪，还好我没有和这样的女人结婚。"

我想写封信给她，表示我弄错地名的歉意，却也想说她实在太没有礼貌。当然，这是我对她说的最不客气的话。然后，我还要告诉她，她给我留下了非常糟糕的印象。但是我并没有这样做，我努力控制情绪，约束自己。我知道，假如我真的那样做了，那就太愚蠢了。

我实在不想跟愚蠢的人争论，所以我决定把愤怒化为和善。我提醒自己：假如我在同样的角度，可能也会是一样的态度。于是，我开始对她心怀同情。后来，我去费城之前先给那位老妇人打了电话："某某夫人，你在几周之前给我写了一封信，为此，我十分感激。"老妇人温和地说："不好意思，我没听出你的声音，请问您是哪位？”

我当即说：“我对你来讲只是一个陌生人。在几周之前，你收听了我在电台广播的演讲，并且指出了我犯下的无法原谅的错误。我竟然弄错了《小妇人》作者奥尔科特女士的出生地点，这简直是无法原谅的事情，非常对不起，感谢你花时间为我指出错误。”

听到我这样的话，老妇人说：“不好意思，先生，我在信里态度粗暴地向你发脾气，应该道歉的人是我，请求您的原谅。”我坚持说：“不，不，您做得对，是我应该道歉，就算是小学生也不应该犯我这样的错误。第二个星期，我已经在电台里纠正了那个错误，不过我觉得我还是应该向您道歉。”

老妇人接着说：“因为我的家乡就是马萨诸塞州的康考特，在过去200年来，我的家族在那里一直很有名气，我一直为家乡而自豪。当你把奥尔科特女士说成是新罕布什尔州人时，我感到很难过，现在我为写了那样的信感到愧疚和不安。”

我又说：“说实在的，我比您更难过很多倍。尽管我犯下的错误并不会影响那个地方，但是却伤害了我自己。您是有身份、有地位的人，是不可能轻易给电台播音员写信的。以后，假如您再在我的演讲中发现错误，我希望您可以给我写信。”

老妇人态度越来越温和：“你愿意接受别人的批评，你这样的态度可以受到大家的喜欢，人们更愿意接近你，我相信你是个很好的人，我也十分愿意认识、接近你。”

这就是我和那位老妇人的通话内容，当我站在那位老妇人的角度，对她怀有同情，表示歉意时，我也获得了她的理解和歉意。

我很满意自己能够控制愤怒的情绪，并以友善的态度对待侮辱我的人。最后，她竟然因此会喜欢我，也给我带来了更多的快乐。

包括塔夫脱总统在内的所有在白宫工作的要员，几乎都会遇到这类人际问题的困扰。所以，塔夫脱从自己经验中总结出一个结论：没有什么比同情更能够消除厌恶。在他编写的《理论服务》一书中，他讲述了一个有趣的故事。

有一位太太居住在华盛顿，她有一个在政界很有势力的丈夫。为此，她要塔夫脱总统为他的儿子安排一个职位，为这事花了两个月的时间。那位老太太还请了几个参议员，陪同她找到塔夫脱，帮她说好话。

但是，那位太太想要为儿子谋的职位只适合技术型人才。后来，有关主管推荐给塔夫脱另外一个人担任了这个职位，过了几天，塔夫脱就收到了那位母亲的来信。那位太太在心中责怪塔夫脱忘记别人给予的恩惠，而且让她感到不快乐。她想表达的意思就是，本来塔夫脱可以轻易地让她获得快乐，但是却没有这样去做。她还列举了自己曾怎样劝说所属州的代表支持塔夫脱的一项重要法案，但是塔夫脱不仅没有进行报答，还让她过得不快乐。

大多数人收到这封信的时候，或许最先想的就是用如何严厉的话去指责对方暴躁而失礼，甚至或许马上就开始写信了。

不过，假如你足够富有智慧，就可以先把这封信锁起来，等过两天再拿出这封信，推迟几天寄出去也没什么关系。但是，过两天再拿出这封信看时，或许你已经决定不会再寄出去了。这就是塔夫脱的方法。

塔夫脱平静下来，用非常客气的言辞回信。在信中，塔夫脱先是对那位太太作为母亲的所为表示了理解，然后解释职位委任并不是自己一个人能决定的，必须找一个合适的技术型人才，而那位主管推荐的正是职位合适的人才，所以才会接受。塔夫脱希望太太的儿子能够在之前的岗位上努力工作，并期待他未来有所成就。

那位太太看了塔夫脱的信，也平静了下来，然后回信为自己的粗鲁表示歉意。

不过，塔夫脱所委任的那个人在短时间内还不能来上班，过了几天，塔夫脱又收到了以她丈夫的名字署名的信，但是信上的笔迹却和之前两封一模一样。在这封信里说由于儿子的事情，他的太太已经患了神经衰弱，如今已经病倒在床，胃里好像长了一个肿瘤。他开始问是否可以将委任的那个人换成他儿子，这样他的太太就可以早点恢复健康。

塔夫脱给那位丈夫回信了，信中说到希望他太太的病情诊断是有误的，而且非常同情他们遇到的情况，但是现在根本不可能撤回已经委派的命令了。几天之后，那位接任的人到岗位了，在接到那封信的第二天，塔夫脱在白宫举办了一场音乐会，结果那对夫妇最先到达现场，还向塔夫脱致敬。

乔伊·曼古是俄克拉何马州吐萨市一家电梯公司的业务代表，这家公司负责吐萨市一家生意最好的旅馆的全部电梯业务。为了不打扰旅客，旅馆经理要求每次维修时最多只允许电梯停开两个小时。但实际上每次维护和修理至少需要八个小时，即便旅馆同意停开电梯，而电梯公司不一定能派出需要的技工。

等找到了得力的技工后，古曼先生打电话给旅馆经理：“瑞克先生，我知道你们旅客很多，你们希望尽量减少电梯停开的时间。我知道你很重视这一点，那就是方便旅客，我们肯定也会配合你的要求。不过，假如现在不彻底把电梯问题解决好，那电梯损坏更严重，届时电梯停开时间更长。这样的话，就有可能给客人带来几天的不方便。”

于是，那位经理只得同意电梯停开8个小时，毕竟总比停开几天好。就是由于古曼先生先表达了理解的立场，所以，他很快就赢得了经理的同意。

霍洛克称得上是美国第一个音乐会经纪人，他有20多年应付诸如嘉利宾、邓肯、潘洛弗等艺术家的经验。为了能够与那些性格古怪的音乐家搞好关系，他得出的经验是：必须彻底同情他们可笑又古怪的性格。

霍洛克差不多有三年的时间担任世界低音歌王嘉利宾的经纪人，而嘉利宾就好像被宠坏了的孩子，这简直让霍洛克头疼，在他看来，不管从哪个方面来看，嘉利宾都非常糟糕。

假如晚上有登台演唱的音乐会，当天中午霍洛克会接到嘉利宾的电话：“我身体非常不舒服，嗓子也疼，看来今天无法演出了。”听到这样的话，聪明的霍洛克才不会和他争论。他马上就前往嘉利宾所住的旅馆，同情地说：“可怜的朋友，你真不幸，既然你无法演唱了，那我就去取消演出。毕竟损失3000块跟你的名气比起来不算什么。”嘉利宾探口气，说：“或许你下午5点再来，到时候看我情况好转没有。”

5点的时候，霍洛克先生再次过来了，坚持要取消演出节目。但是嘉利宾却说：“你再晚一点过来，或许那时候我会好很多。”

7点半，嘉利宾终于同意登台演出。不过，他又提出条件，霍洛克先生先上台告诉听众自己重感冒了，嗓子不舒服。这些要求霍洛克都答应了，只有这样，嘉利宾才会登台演唱。

盖兹博士在《教育心理学》一书中写道：“追求被同情是人类的普遍现象，孩子受伤后，会急着展示他的伤口，甚至故意弄伤自己，以此来博得大人的同情。”

成年人也有自怜的习性，他们到处诉说自己的损失或意外伤害，或者患上疾病，以及手术的过程，所希望的就是得到同情。

激励他人高尚的动机

我出生在密苏里州的一个小镇，而附近的卡梅镇就是当年的美国大盗奇斯·贾姆斯的故乡，我曾去过卡梅镇，如今奇斯的儿子依然生活在那里。

我从奇斯的妻子那里了解到，当年奇斯是怎样把抢劫银行和火车得来的钱分给附近的穷人，并帮助穷人把抵押给银行的田地赎回来。

和曾经的苏尔滋、“双枪”克劳雷、卡邦一样，当时的奇斯·贾姆斯可能觉得自己是理想主义者。其实事实就是如此，所有你见过的人，甚至是你照镜子所看到的自己，都会感觉自己很崇高，每个人都希望自己是高尚无私的。

银行家摩根曾说：“人做的事都有两个理由，一个是听上去不错的，一个是真实的。”

人们会常常思考真实的理由，但大多数人的内心都是理想主义者，更喜欢那个听上去挺好的理由。因此，激发出一个人高尚的动机，才能改变他的意志。假如在商业上使用这个方法，那就是更理想的。

弗利尔先生在宾夕法尼亚州某个房屋公司上班，他遇到了一个总没办法满足的房客，那位房客总说要从公寓搬走，不过那每月55元的租约还有4个月才到期，但那位房客才不管什么租约，只说马上要搬走。

那位房客在公寓住了整个冬天，弗利尔先生知道如果对方真的搬走了，在秋天之前这间公寓不容易租出去，他焦虑的是自己将损失220元。

若是换做以前，弗利尔先生肯定让那位房客再读一遍租约，然后大声告诉对方：“你想马上搬走，那依然要全部付清剩下的4个月的租金。”但是，弗利尔这次却不打算使用这个方法。

于是，他见到房客说：“先生，听说你准备搬家，不过我相信这不是真的。我敢发誓，你是一个言而有信的人。”房客很安静地听着，弗利尔先生继续说：“现在我建议你暂且不考虑搬家，可以再认真考虑一下。在下个月交房租之前，如果你执意要搬，我完全同意。到时我承认自己看错了，不过我依旧相信你信守承诺，可以遵守当初签下的协议。毕竟我们是否守信用，都完全在于自己的选择。”

过了一个月，那位房客主动交租了。他对弗利尔说：“我和妻子就这件事商量过了，我们会接着住在这里，毕竟，履行租约是一件十分光荣的事情。”

已故的诺斯克力夫爵士曾在报纸上看到刊登出一张他不希望被公开的照片，于是给那家报社的编辑写了信，他希望可以激发对方的高尚动机，于是写道：“恳请贵报以后不要公开那张照片，因为我的母亲不喜欢那张照片。”假如他这样写：“我很讨厌那张照片，请不要再公开那张照片。”那么结果肯定是不能实现他的意愿的。

约翰·洛克菲勒也总是想办法激发他人的高尚动机，他希望记者不要拍摄自己的孩子。他知道每个人都不希望自己的孩子受伤害。所以他对记者们说：“各位，我相信你们都是有自己孩子的。那就应该清楚，孩子是不适合成为新闻人物的。”

柯迪斯出生在缅因州，家境贫穷，后来成为《星期六晚报》和《妇女家庭》杂志主编，挣钱不少。不过在创办报刊初期，既没钱购买稿子，也请不到国内一流作家撰稿。但是，他却有妙计激发人们的高尚动机。

他竟然只签出一张100美元的支票，就请到了写《小妇人》的奥尔科特在她最出名时撰写稿子，而且这张支票并没亲自交给奥尔科特，而是捐给了她喜欢的慈善机构。

或许有人对此有疑问，或许这法子在诺斯克力夫、约翰·洛克菲勒这样情感丰富的人身上有作用。但是，对那些不讲道理的人也适用吗？

确实，任何方法不可能在任何情况下产生同样的效果。如果你对此有所怀疑，那不妨尝试一下。

最近，我决定辞退一些职工。我是这样做的，先认真观察他们这段时间的工作情况，然后让他们来见我，我说："某某先生，你这段时间工作十分好。上次公司派你到组瓦克城办的事情本来不容易完成，但是你做得非常好。公司为有你这样的人才而感到自豪，你有能力，未来一片光明，不论到哪个公司都会做出好的成绩。我们公司相信你，也感谢你，希望以后有机会还请你回来帮忙。"

听到这样的话，即便被辞退，他们也可以愉快接受，而不会觉得受了委屈。他们知道公司如果以后有需要还会请他们回来工作。因此，当新的用工潮来时，公司请他们回来工作，他们就会觉得很亲切。

给别人留面子

我培训班的两位学员总是在讨论"挑剔"的负面影响和给他人"留面子"的正面影响，或许下面的故事会有所启示。

佛瑞·克拉克在宾夕法尼亚州哈里斯堡工作，在他们公司的一次生产会议中，副董事长提出了一个十分刻薄的问题，质问监督管理生产过程的监督员，责怪他在生产事务上没处理好一些问题，语气中满是尖酸。为了不被当众侮辱，监督员回答问题时都有些说不清了。这样副董事长更生气，不仅训斥了他，而且还说监督员说谎。

其实，监督员本来是挺好的职员，因为在会上的遭遇，感觉自己的努力全部毁掉了。过了几个月，那位监督员辞职去了另外一家公司，而且听说在新的岗位做得非常优秀。

安娜·马佐尼是食品包装业市场营销方面的专家，她最开始做的就是对新产品的市场测试。结果她在调查过程中犯下了大错，需要重新测试一次。更不幸的是，调查报告需要在下一次会议上提出，在这之前并没有与老板交流的时间。

在会议上，轮到马佐尼报告时，她非常害怕，努力让自己不崩溃。她不能哭，否则就会让别人觉得自己太感性而无法担任行政工作。所以，马佐尼说得很简单，说自己发生一点错误，她会在下一次会议之前重新研究这个问题。然后，她忐忑不安地坐下来，想象着一顿训斥即将来临。

但出乎意料的是，老板并没有生气，而是感谢她的工作，然后说在新计划中犯点错很正常。而且表示出对马佐尼小姐第二次调查有信心，以后的事情会更准确，最后得出的结论会对公司更有价值。会议结束之后，马佐尼小姐平定了情绪，决定认真工作再也不让老板失望。

假如认为自己是对的，那别人肯定是错误的，我们也会因让别人丢面子而毁了对方的前程。传奇人物法国飞行冒险家和作家圣苏荷依说：“我没有权力去做或谈论一切事情来伤害别人的自尊。关键的不是我觉得他如何，而是他对自己的认识怎么样。伤害别人的自尊实际上是一种犯罪。”

已故的德怀特·摩洛总是肯定对方的优点和为解决问题所付出的努力，他反复强调，并谨慎地展现出来，不论做哪一种处理，他从来就没有指出谁做错了什么，所以最后他化解了一切的敌意。

让别人留住自尊心，是每一个有良知的人都明白的道理。毕竟，世界上每一个想成功的人，都不会把时间浪费在满足个人胜利上。

1922年，土耳其人对希腊人长达数百年的敌视和仇视达到了最高潮，他们决定驱逐希腊人出境。当时，土耳其总统凯末尔怀着非常沉重的心情对士兵说：“地中海是你们唯一的目的地。”这句话引起了近代历史中一次激烈的战争，最后土耳其赢得了胜利。当两位希腊将军铁考彼斯和狄阿尼向凯末尔请求投降时，土耳其围观民众的羞辱和嘲笑也如潮水般涌来。

但是，凯末尔总统并不因胜利而自豪，他先是握着两位将军的手，并请他们上座，友善地说：“两位将军请坐，你们肯定累坏了。”当他们谈论投降细节时，为了不让两位将军丢面子，凯末尔马上说：“战争，就好像竞技比赛，高手也免不了会失误。”

赞美可以使一朵蓓蕾盛开

巴洛十分了解狗和马的性情，他几乎花了一生的时间在马戏团和杂技表演团工作。我有幸亲眼看他对小狗进行培训，只见小狗在动作上有了进步，巴洛就会肯定它，然后轻轻拍它，还奖励肉给它吃。当然，这并不是什么稀罕事儿，训练动物的人在过去几个世纪以来都用一样的方法。

当我们想要一个人改变想法，其实也可以使用训练狗狗的方法。为什么我们没想到用肉代替鞭子，用赞美代替指责呢？我们要赞美对方一点点的进步，这样可以鼓励对方更多的进步。

洛斯是星星监狱的监狱长，他表扬那些凶恶的犯人哪怕一点点的进步，他发现这样的方法是极有效果的。他说，犯人在受到适当的表扬之后，更愿意听话了，这比严厉的惩罚和责怪更有效果，而且还可以帮助他们恢复人格。

尽管我们都没去过监狱，但当我们回忆过去时，会发现生活中的一些方面确因几句赞美而发生了显著改变。赞美会给予人奇妙的力量，这样的例子简直多得数不清。

50年前的波尔斯一家工厂，10岁的卡罗沙在那里工作，他从小就渴望长大后成为歌唱家。但是，卡罗沙的第一个声乐老师却毫不留情地说："你的嗓子很糟糕，你的声音太难听了，你完全不能唱歌。"但是，卡罗沙那个贫穷的母亲却抱着他安慰，赞美他："你一直都在进步，你一定可以唱歌。"后来，母亲赤脚去工作，只是为了给孩子省下交付学习声乐的费用。果然，母亲的鼓励和赞美，改变了卡罗沙的一生。后来，他成为了当代杰出的歌王之一。

很多年前，伦敦青年狄更斯做着一个作家梦，但是他在生活中却处处碰壁，什么事情都不如意。狄更斯只接受了不到4年的正规教育，由于没钱还账，父亲进了监狱，他更是生活在饥寒交迫之中。最后，他只能在一间到处都是老鼠的仓库里为墨水瓶粘贴标签。

每天晚上，狄更斯和另外两个从伦敦贫民窟来的小孩子住在顶楼的小屋子里，光线阴暗，他几乎没有继续写作的信心了。不过，他依然坚持完成了第一篇稿子，趁着夜色把信件放进邮筒。他反复写稿和投稿，又一次次被退回来。

不过，幸运的一天来了，狄更斯的一篇稿子被刊登了。尽管没有稿酬，不过编辑肯定了这篇稿子，这让狄更斯激动得哭了。正次成功激发了他的自信心。假如没有获得那次肯定，或许他一辈子都只会在到处是老鼠的仓库里工作。但是，他最后成功了，狄更斯后来成为了英国著名的文学家。

50年前，韦尔斯在店铺里做事，每天早上5时就起床打扫店铺卫生，一天要做14小时的苦工，这样坚持两年了。韦尔斯再也没办法忍受这样的生活，有一天早上他没吃早饭，就一口气跑回15里外的家中，他像发疯一样求妈妈："我发誓再也不回那家商铺工作了，否则，我宁愿自杀。"之后，韦尔斯写信给以前的校长，信中说自己没有活下去的意志了，他的心已经碎了。很快，韦尔斯就收到了校长的回信，信中肯定他，夸奖他，让他找一份合适的工作，并邀请他去学校当教员。

因为校长的赞美改变了韦尔斯的命运，韦尔斯在美国历史上留下了自己的名字。后来，韦尔斯撰写了77部书籍，获得了100多万美元的收入。

1922年，在加利福尼亚的铁贝得是一个贫穷的年轻人，没钱让家人过上好日子。星期天，铁贝得在教会唱诗班卖唱；若是有谁家办婚礼，偶尔会去唱歌赚取5美元。因太穷住不起城里的房子，铁贝得只得在农村一座葡萄园住每月租金12.5美元的破屋子。尽管租金已经很便宜了，但对他来说依然是一笔巨款。由于欠了房东10个月的房租，他只得帮房东摘葡萄来抵押房租。那段时间买不起吃的，他只有吃点葡萄充饥。铁贝得对生活绝望了，绝望到快要放弃自己喜欢的歌唱事业。他打算去做推销载重汽车的工作来养活家庭，这时朋友休士赞美了他的嗓音，建议他去纽约唱歌。正是因为来自朋友的鼓励和赞美，铁贝得的终生事业都改变了。他找朋友借了一笔钱，开始去纽约学声乐，就这样慢慢成功了。

赞美一个人，可以让他发现自己的潜能。这样不仅可以改变一个人的想法，还可以改变一个人的命运。

已故的威廉·詹姆斯曾是哈佛大学的著名教授，同时也是美国最知名的心理学家和哲学家之一，他曾说："比起我们应该获得的成就，我们现在还处于半醒的状态，只用了自己全部潜能的很小一部分。也就是说，按照现在状态生活就是尽最大的能力。我们没有很好地利用自己各种各样的力量。"

确实，就好像前面所说的，每个人潜能无限，却从来没有好好利用。有一种潜在的能力就是赞美他人，一定要记住，赞美可以让一朵蓓蕾盛开。

给人戴“高帽子”的妙用

给人一个超乎实际的美名，如同灰姑娘的仙棒，这样就会让他人从头到脚焕然一新。

亨利·韩克是印第安纳州洛威一家卡车经销商的服务经理，公司有个工人工作状况忽然变得很糟糕，亨利·韩克没有训斥他，也没有威胁他，他只是跟那位工人谈了一次话。

亨利说：“比尔，你是优秀的技工。过去多年你在生产线上努力工作，你维修的车子也让顾客十分满意。实际上，许多人都在肯定你。不过你最近完成一件工作花的时间较长了，而且质量也有点不行。以前你是非常优秀的技工，我相信你清楚自己的情况，或许我们会一起想办法解决当前的问题。”

比尔表示不知道自己工作没做好，他当场保证以后会改进，将工作做得更出色。因为亨利的肯定，他后来改正了，工作也越来越出色。

包汀火车厂的董事长华克莱说：“假如你可以尊重一个人，那么一般人是容易被诱导的，尤其是当你对他的某种能力表示尊重时。”

当你认为对方在某个方面表现出色，他就会在这方面改变。莎翁说：“如果你没有一种品德，就只当你有吧！”最佳的办法是当众宣称对方拥有了你所希望的那种品德，以好的名声作为他努力的方向，他就会努力改正、积极向上，而不愿看到你失望。

雷布利克曾在《我和梅脱林克的生活》一书中讲述了一个故事。

在雷布利克隔壁的饭馆里有一个女佣人，每天吃饭时间，她都会给雷布利克送饭菜，她被大家称为“洗碗玛丽”，因为她在饭馆只做洗碗这样的杂活。她的长相也不怎么好看，一对斗鸡眼，一双罗圈腿，瘦弱得只剩下骨头，整天耷拉着眼皮，看起来像没睡醒的样子。

有一天，玛丽给雷布利克送面条时，雷布利克诚恳地说：“玛丽，你知道自己有丰富的内在财富吗？”平时玛丽很擅长控制自己的情绪，哪怕有点高兴的事情也不会表现出来，总担心会出什么事。听到这样的话，玛丽说：“太太，您在说什么呢，我可是没有奢求过你的赞美。”

当然，从那天开始玛丽开始注意自己了。本来自卑的内心发生了变化，她也相信自己是宝藏。她开始打扮自己，浑身散发出一种青春的光芒。

两个月后，雷布利克将要离开那个地方了，玛丽忽然找到她，告诉她：“我要嫁人了，跟厨师侄子结婚。”并表达了自己的感激之情。雷布利克那句短短的话，彻底地改变了玛丽的一生。她把美好的名誉给了“洗碗玛丽”，正是这个美好的名誉改变了她。

比尔·派克在佛罗里达州透纳海滩一家食品公司担任业务员，他对公司新系列的产品十分感兴趣。惋惜的是，一家大食品市场的经理取消了产品陈列的机会，比尔有点难过。他整整想了一天，最后决定下午回家前再去试试。

比尔说：“杰克，今天早上我走时还没让你全面了解我们最新系列的产品，还有几处遗漏的地方，如果你可以给我点时间，我想再给你介绍一下。你有听我讲话的心胸，对此我十分敬重。当事实需要你改变时，我相信你会改变主意。”在这种情况下，杰克无法拒绝再听下去。

马丁·贵兹耶夫是爱尔兰都柏林的一位牙医。有一天早上，他正在诊所里，一位病人告诉他，他用的漱口杯托盘有点脏，他听了后十分惊奇。是的，他并非用托盘漱口，但托盘生锈无疑显露出自己的职业水准不高。等这位病人走了之后，贵兹耶夫给每星期来打扫两次诊所卫生的女佣布利基特写信。

他在信中写道："亲爱的布利基特，最近很少见到你，我想应该花点时间为你的付出表示感谢。不过，你若有空，我时刻欢迎你来工作半个小时，做一些你经常做的事，比如清洗漱口杯、托盘等。当然，我会另外支付服务费。"

第三天，贵兹耶夫走进办公室，就看见桌子和椅子打扫得干干净净。到了诊疗室，储存器里放着干净、光亮的漱口杯和托盘。这是之前从未有过的干净，由于自己一句小小的赞美，便激发了女佣的积极性。

鲁丝·霍普斯金太太是纽约市布鲁克林学校四年级的老师，开学第一天，她带着满满的兴奋到了学校。不过，当她看到班里的学生名册，却有点焦虑，她看到全校最调皮的坏孩子汤姆就在自己班里。汤姆三年级时就有老师、同学向校长抱怨，这位坏孩子不仅做恶作剧，还打架、逗女生、对老师无礼、打乱班里秩序，而且情况越来越不受控制。汤姆唯一的优点，就是能用短时间学会功课，而且十分熟练。

面对汤姆的问题，霍普斯金太太决定马上解决。当她第一次见学生们时，她说："罗丝，你的衣服真漂亮。爱丽西亚，你的画不错。"当她点到汤姆的名字时，说："汤姆，我知道你的领导能力不错，今年我想把咱们班变成四年级最好的一个班，我希望得到你的帮助。”她这样一直强调了几天，开始赞美汤姆的一切，说他行为表现好。果然，霍普斯金太太的表扬产生了很不错的效果，汤姆朝着她表扬的方向慢慢变好了。

有人相信，其实改掉自己的缺点并不难，只要有信心就可以改正。假如你说孩子、伴侣或雇员做某件事很笨，那就不对，等于让他们丧失进步的信心。不过只要耐心给予鼓励，让他感到做事情其实很容易，那他就会发挥出才能，超越自己。

汤姆斯是一位人际关系学家，他总是给人以信心和勇气，激励每个人进步。最近一个周末，我一直都和汤姆斯夫妇一起度过。就在上个周六晚上，汤姆斯夫妇玩桥牌，让我也一起玩。但是我对桥牌一点也不了解，我只好说：“不了，不了，我不会玩。”

汤姆斯说：“戴尔，桥牌很容易，只要花点时间判断和记忆就行了。此外再没有任何别的技巧，你曾写过记忆的文章，所以桥牌对你来说应该是非常容易的。”

由于汤姆斯表示我在桥牌游戏上有天赋，于是我参与了桥牌游戏，正因为他的肯定，我才慢慢觉得桥牌游戏其实也挺容易的。

头衔策略

如果想一个人愿意朝着你希望的方向去做，那就必须让他明白他的重要性，便于他觉得这件事对他有多么重要。

拿破仑率领着荣誉军进行训练时，他颁发了1500枚十字徽章给士兵们，属下的18名将军被封为“法国大将”，拿破仑称荣誉军为“伟大的军队”。有人嘲笑这是幼稚的做法，说拿破仑拿着一些玩具哄骗那些出生入死的老军人，结果拿破仑回答：“是的，人有的时候就是被玩具统治的。”

多年前，著名的通用电气公司曾经遇到过一个十分棘手的问题，因为他们不知道该如何安置那位脾气古怪、暴躁的计划部主管乔治·施莱姆。通用公司的董事们不得不承认，乔治·施莱姆在电气部门称得上是一个超级天才。对于他来说，没有什么是不可能的。董事们十分后悔，后悔当初把乔治调到了计划部来，因为在这里他完全不能胜任自己的工作。尽管有人提出直接告诉乔治这个调换职位的决定，不过公司的董事们并不愿意因此而伤害到他的自尊，因为他毕竟是一个难得的人才，更何况乔治还是一个自尊心很强的人。

最后，董事们采用一种很婉转的方法，他们授予乔治一个在公司里前所未有的新头衔——咨询工程师。其实，所谓的咨询工程师的工作性质和乔治以前在电气部门的工作性质完全一样。不过，乔治对公司的这个安排表示很满意，没有向上级部门发一点牢骚。对此，公司的高层领导十分高兴，因为他们庆幸自己当初选择了保留住乔治面子的做法，否则这位敏感的大牌明星没准会把公司闹个底朝天。

赋予头衔或权利的办法对拿破仑的军队是有效的，对别人其实一样有效。

琴德夫人屋子后面有一片草地，不过却有许多调皮的孩子经常踩坏草地，这让她很烦恼。但是，琴德夫人不管是劝说还是恐吓，都起不到任何效果。最后，她从那些孩子中挑出最顽皮的一个，然后给孩子一个威风头衔，让孩子有成就感，请孩子当“密探”，守护着那片草地，把那些跑进草地的孩子赶走。结果这个办法真有效果，没一个调皮孩子再来踩踏草地了。

如果你是一位优秀的领导者，若想改变一个人的态度或举止时，请记住：

（1）真诚。没办法做到的事情就别答应，忘记自己的利益，想别人所关心的事情。

（2）明白自己希望别人做的是什么。

（3）为别人着想，思考别人真正想要的是什么。

（4）假设一下。如果别人按照你说的去做，能够获得什么样的利益。

（5）将利益与他人的需求联系在一起。

（6）当你提出要求时，要让别人觉得他可以从中受益。

幸福婚姻问卷

如果你的婚姻出现问题，你是大吵大闹，还是平静地问自己：婚姻为什么会出问题？1933年6月，美国杂志刊出艾麦特·克鲁西一篇名为《婚姻为什么出问题》的文章，你可以对问题回答“是”，那就能得1分，共计10分。

给丈夫的问卷：

（1）你还在追求自己的妻子吗？会偶尔送一束鲜花吗？你记得她的生日和你们的结婚纪念日吗？你还会给她意外的惊喜吗？还会给她所期望的体贴吗？

（2）你还会注意不要当面指责她吗？

（3）除了家庭的必需开支，你是否给了她可以随意支配的钱？

（4）你是否有时间去了解女性的各种情绪问题？当她感到疲惫、紧张不安时，你是否帮助她一起度过难熬的日子？

（5）你是否花了一半的娱乐时间陪伴她？

（6）除了知道她烹调手艺、理家本领等方面的优点，你是否将太太与其他女性相比较？

（7）你是否对她的娱乐生活、俱乐部和社团，还有她喜欢的书有兴趣？

（8）你可以接受她和其他男人跳舞吗？接受他们的友谊而不会吃醋？

（9）你有常常寻找机会夸奖他、赞赏她吗？

（10）你对她为你缝扣子、补袜子等这样的小事感谢过吗？

给太太的问卷：

（1）你有给丈夫多余时间去处理公事，然后避免批评与他交往的人吗？

（2）你有尽量让家庭有品位和吸引力吗？

（3）你是否经常换口味，让他在吃饭时常有惊喜？

（4）你是否了解丈夫的事业，便于与他有一些交流？

（5）在生活窘迫的时候，你是否有勇气去面对，不把他跟成功人士作比较？

（6）你是否尽最大努力和他的母亲或其他亲属友好地相处？

（7）当你选择衣服时想过他喜欢的颜色和样式吗？

（8）你愿意牺牲一点自己的看法来维护家庭和睦吗？

（9）你有尽力去学一些他所喜欢的东西，便于和他一起享受娱乐时间吗？

（10）你有了解现在的新闻、阅读新书、掌握新技术，便于配合他的智慧、兴趣吗？

魔鬼发明了许多成功而恶毒的办法破坏爱情，其中最厉害的就是唠叨。这给生活带来的只有悲剧。

唠叨这个词语似乎是男人用来形容女人的专利。在现实生活中，许多女人不会承认自己唠叨，她们觉得自己只是在提醒男人将要去做什么事情，以及这件事情怎么去完成，比如做家务、吃药、修理马桶、整理卧室等。在女人看来，唠叨其实是自己关心的一种表现。然而，当女人不断地重复自己命令的时候，男人却只听到一个喋喋不休的声音。那些唠叨的女人会让男人失去耐心，唠叨就好像是漏水的龙头一样，把男人的耐心消耗殆尽，并且在他们的心里逐渐积累起一种厌恶。在对世界各国的男人调查中发现，他们最讨厌的事情就是唠叨。事实上，我代表所有男士向女士们抗议：停止唠叨吧，在我们眼里唠叨是你最大的缺点。

亲爱的女士们，我想你们对列夫·托尔斯泰并不陌生吧。他创作了《战争与和平》《安娜·卡列尼娜》《复活》等作品，在世界文学史上可谓是声名鹊起，其作品更是流芳百世的佳作。

托尔斯泰很爱他的妻子，他们在一起十分快乐，甚至许下诺言：希望上帝可以就这样让他们简单快乐地过一生。但是，托尔斯泰的妻子喜欢唠叨，她总担心托尔斯泰把所赚的钱拿去做慈善，而自己的生活将无法过好。甚至，她将唠叨的对象转移到自己的亲生女儿身上，为了宣泄自己的情绪，她竟然用枪在女儿照片上打出一个窟窿来。为了威胁托尔斯泰，她甚至在地板上打滚，拿着一个装满鸦片的药瓶扬言要自杀，那些可怜的孩子吓得半死，只能躲在房间的角落里哭泣。为此，他们经常吵架。

就这样，她唠叨了很多年之后，据说，在托尔斯泰82岁高龄那年的一个下雪夜晚，他再也没办法忍受妻子的唠叨了，索性离家出走了。在他出走的11天之后，因天气太寒冷以至于患了肺病，在火车上度过了最后的时光。而托尔斯泰临死前的最后要求就是不希望妻子来参加葬礼。

托尔斯泰自称这个家是疯人院，为什么两个相爱的人会走到这一步呢？其中一个原因就是他的妻子太喜欢唠叨了。据说托尔斯泰夫人后来也后悔自己的唠叨，临死前，她向儿女们坦白："你们父亲的死，是因为我的缘故。"儿女们都哭了起来，父亲确实是被母亲喋喋不休的唠叨害死的。

当女人发现男人还有一些事情没能完成的时候，她的唠叨就开始了。但女人唠叨的行为却是令人厌恶的，那些常常在家里唠叨的女人是一些对自己的处境不满又无力自拔的人，她明白在生活中还有其他更精彩的东西，但她不愿意承认自己在家里所扮演的弱小角色，她感到很迷茫，甚至连自己做什么都不知道。

碧翠丝是一个温婉美丽的女孩，不过唯一的缺点就是喜欢唠叨。在她还没结婚之前，父亲就经常劝导她说："你可以说最大限度地发挥了嘴巴的作用，但是，你的话太多了，没有男人能忍受。"不过，碧翠丝对父亲的话并没有放在心上，她依然改不掉唠叨的毛病。

碧翠丝结婚后依然很唠叨，哪怕是一件琐碎的事情也会说上半天。如果丈夫在某些方面做得不到位，她就会叉着腰说上半天，甚至会停下手中的活儿，直到丈夫改正为止。哪怕丈夫改正之后，碧翠丝也经常会旧话重提，又把丈夫之前的错误再说一遍。

在两人刚刚结婚的时候，丈夫因为爱还能够容忍她。但是，随着不断的唠叨，丈夫心中仅存的爱都被消磨得干干净净。渐渐地，丈夫觉得碧翠丝非常烦人，并觉得自己的婚姻生活并不快乐。

终于有一天，丈夫实在受不了碧翠丝的唠叨，与之争吵了起来。一年之后，两个人离婚了。

对于男人而言，他们最受不了女人吹毛求疵、无休无止的抱怨和唠叨了。

女士们，你愿意相信吗？男人宁愿工作也不愿意回家，因为听女人无休止的抱怨是对自己最大的折磨。所以，请停止抱怨吧！

工作是一生的筹码

假如你未满18岁，假如你尚未找到工作，假如你找不到生活的希望，那我想以下的内容是非常适合你的。假如你认真地阅读过这一章，那将会给你的人生带来深远而重大的影响。当然，你到了这个年纪，应该马上被要求做出人生中最重要的两个决定，即你将以什么为生？你梦想着成为农民、邮差、化学家、林区看守员、速记员，还是大学教授，或者自己开一家汉堡包店？第二，你将选择谁来成为未来孩子的爸爸或妈妈？

说得简单一点，其实就是事业和家庭，这堪称人生中最重要的两个决定。这将对你未来的生活产生重大的影响，甚至可能对你的幸福、收入和健康产生较深远的影响，或许你做对了决定，那将会铸就你的成功；假如你做错了决定，那则有可能毁掉你。

哈里·爱默生·福斯迪克在其著作《渡过难关的能力》中写道："每位男士在选择事业时都是一个赌徒，他必须用自己的一生做赌注。"当然，当男士们在做这两个决定的时候，通常都会将其当成是一次赌博。在这里，我们先说职业选择，假如你想减轻职业选择的赌博成分，那就尽可能选择一份自己喜欢的工作。

查尔斯·史瓦布曾说："只要有无尽的热情，你能够成就任何事情。"其实，爱迪生就是这样成功的。

爱迪生是一个从来没有接受过学校教育的报童，不过他却带领着美国走进工业时代。因为爱迪生对工作充满热情，所以他常常在实验室里吃饭和睡觉，每天辛苦工作18个小时。或许，在外人看来，他这样辛苦工作是很累的，事实上他本人觉得这一点都不辛苦，甚至认为自己一生从来没有工作过，自己所做的事情不过都是在玩耍。所以，爱迪生最后获得了成功。

什么是商业成功的第一要求？轮胎制造商，古德瑞奇公司理事长大卫·M.古德瑞奇回答："享受你的工作。"假如你对自己正在从事的工作感兴趣，非常喜欢这份工作，那即便你一连工作好几个小时，也感觉不到自己是在工作，你感觉自己就好像在玩耍一样，感受到的是无尽的乐趣。

如何找到适合自己的工作？遗憾的是，生活中的大部分年轻人根本不知道自己适合什么样的工作。保罗·保顿是标准韦可姆石油公司的人事主管，他在过去的20年中面试了超过75000位求职者。最后，他写了《六种助你找到工作的方法》一书，在他看来现在的年轻人在寻找工作时会犯下严重的错误。对此，他这样解释："现在的年轻人花更多的时间和金钱在那些时装上面，事实上那些衣服在几年之后就会坏掉，而且将会被扔掉。他们根本不会关心自己的未来，很少关心作为幸福和内心平静基础的事业，甚至他们根本不清楚自己想做什么，我对此现象感到非常意外。"

曾经为杜邦公司雇用上千名员工，如今身为美国家居用品公司劳资关系助理干事的爱德娜·科尔夫人也有相同的看法。她说："现代年轻人最大的悲剧在于他们根本不知道自己想做什么，这些刚刚大学毕业的年轻人拥有达特蒙斯学院的学士学位，或者拥有康奈尔大学的硕士学位，不过他们却对我说：'请问我可以为你的公司做些什么？’我觉得这些每天只知道工作，最后只拿到工资的年轻人真是可怜。”既然这些年轻人对自己想做什么工作都根本不知情，那他们又怎么会对这份工作感兴趣呢？

或许，正是因为这些年轻人不知道自己可以做什么，不知道自己想做什么，结果他们尽管曾经怀揣着远大的梦想，拥有玫瑰花般的年纪，最后剩下的不过是过度的疲惫以及崩溃的精神状态。当然，在这里我需要额外说明一点的是，选择合适的职业对身体健康非常有益。

约翰霍普斯金大学的雷蒙·普尔博士和几个保险公司一起做了一个研究，发现“适合的职业”在促使人们长寿的众多因素中位居前茅。为此，他说：“一个人受惠于上帝找到合适的职业，那就应该没什么遗憾了。”

如何找到适合的职业？或许你可以向有关咨询师或就业指导中心进行咨询。就业指导中心，作为一种新型的职业，或许尚未发展完善，甚至还没有登上较大的平台。不过，这个行业的前景还是比较广阔的，毕竟有那么多年轻人不知道自己应该做什么。所以，假如你还在为寻找合适的工作而烦恼，那不如寻找自己所在社区的职业指导中心，希望他们可以给你合理的建议。

当然，这样的建议是否中肯，完全取决于咨询师的能力和品质。而且，咨询师提供的建议仅作参考，最后还需要我们自己拿主意。那些所谓的职业咨询师有时也会犯错，甚至他们会有意见不同的时候，有时甚至会犯一些很简单的错误。比如，我曾经有个学生词汇量比较大，结果职业咨询师就建议他去当一名作家。

在这里，我想解释一下，好的作家是将自己的想法和感情传递给读者，这所需要的是活跃的思想、丰富的经历、执着的信仰、充实的例证以及可以激起读者共鸣的兴奋点，而非需要大量的词汇。这位职业咨询师的建议显然只是想当然的，并不符合这位学生的现实情况。当然，我们可以理解那些犯错的职业咨询师，毕竟人是不可能避免犯错的。我建议大家可以多咨询几个职业规划师，这样你综合几个意见来做决定，更靠谱一些。

约翰·斯图尔特被誉为高智商的天才，他曾经称工业发展的不协调是“社会最严重的损失之一”。其实，在这个世界上有许多人讨厌自己的工作，他们成为了“工业发展不协调的受害者”。现在，你应该明白我为什么要写一个人应该选择合适的工作，因为在生活中有许多人是因为对自己工作不满意而产生了诸多烦恼和悔恨，他们或许就是你的父亲、邻居或你的老板。

作为一位伟大的精神病学家，威廉·明基博士曾经在战时负责军队中的精神病学部门。他曾说：“我们在军队中学到许多东西，比如正确选用人才和安排工作的重要性，确认自己正在做的工作的重要性非常重要。当一个人对自己从事的工作丝毫不感兴趣，那他就感觉自己被放错了位置，没有得到足够的重视，自己的才能尚未得到发挥。这样发展下去，他有可能患上精神疾病。”诸如此类人被称为军队里的“崩溃人物”，他们感觉自己被放错了位置，因为对自己正在从事的工作感到忧虑，所以他们精神崩溃了。或许由于同样的原因，人们可能会在工业发展大潮中崩溃。

菲尔·约翰逊的父亲拥有一家洗衣店，由于父亲想子承父业，所以父亲在店里给约翰逊安排了一份工作，他希望约翰逊可以接手自己的生意。但是，菲尔·约翰逊一点也不喜欢洗衣店的工作，他每天都在店里偷懒，只要做完自己的工作，他就撒手不管。有时候，他干脆会玩失踪，根本不来店里上班。约翰逊的父亲觉得儿子真是没出息，在那么多员工面前，儿子真是将自己的脸丢光了。

有一天，菲尔·约翰逊主动对父亲说："我想去一家机械工厂做个技工。"出去当工人？难道儿子想走自己曾经走过的老路吗？父亲非常震惊，他坚决不同意。不过，习惯我行我素的约翰逊才不管父亲反对的意见，他依旧穿着沾满油渍的工作服去工作。在机械厂，约翰逊比在洗衣店更努力地工作。尽管机械厂每天的工作时间很长，不过菲尔·约翰逊吹着欢快的口哨就可以度过快乐的一天。渐渐地，约翰逊发现自己喜欢上了工程学，他开始认真研究各种发动机，在他的生活中只有与各种机械相伴才是快乐的。

1944年，菲尔·约翰逊去世。不过，此时的约翰逊已经成为了波音飞机公司总裁，正是他研究制造出来的"飞行堡垒"使得美国赢得了战争。

在这里，我需要提醒年轻人：千万不要因为家人希望你去做什么，你就被迫去做某笔生意或交易。除非你自己愿意，否则不要开始某项事业。但是，对于来自父母的建议，你还是应该慎重考虑，毕竟父母拥有从大量的经历中才能获得的智慧。不过，最后还是由你自己来做决定，毕竟不管你选择什么样的工作或职业，最终是你本人来享受它的快乐或承受它带来的痛苦。

下面都是美国一流的就业指导专家，哥伦比亚大学的教授哈利·德克斯特·尅森提供的专业建议。请阅读并学习这些关于就业指导咨询师的建议。

（1）对于那些自诩有职业倾向神奇系统的人的言语不要相信，也不要向他们咨询任何问题。其实，他们不过是一群江湖骗子，诸如颅相学者、占星家、性格分析师和笔迹鉴定家，当然，他们所谓的神奇系统根本是不管用的东西。

（2）有的人会给你一套测试题，自称你通过测试之后就可以看出你应该选择什么样的职业。他们根本违反了就业指导咨询师应该遵循的一个原则：咨询师提供咨询服务，必须结合咨询者的身体情况、社会背景和经济背景，此外还需要以摆在咨询者之前的工作机会为考量。

（3）寻求一个拥有大量关于职业信息资料的咨询师，并且在咨询过程中尽可能地利用这些信息。

（4）不要接受任何来自邮件的就业指导。

对于那些挤破头的热门行业和职业，不要盲目地跟着人潮挤进去，毕竟在这个世界上可以生存的职业有几千个。不过，对于时下的年轻人而言，他们往往是盲目跟着潮流的风向标，初生牛犊不怕虎，有一种不撞南墙不回头的气势。甚至，有的年轻人撞了南墙也不回头。根据统计，有个学校三分之二的男生将他们的职业选择集中在五种，而且有五分之四的女生也干着同样的事情。因此，我们总能看见那些被人们誉为热门职业的岗位处处都是人，而且还有无数的人朝着这个位置上拥挤，不过，正是这样的行业中，充斥着焦躁不安的情绪。因此，年轻人在向他人咨询就业指导的时候，须要小心谨慎，当有人向你推荐进入那些已经饱和的如法律、旅游、广播、电影和其他光鲜的职业时，须要非常小心，当心受骗。

避免从事那些只有十分之一成功率的职业。富兰克林·L.比特，作为费城房地产实业公司的工作人员，他介绍了人寿保险销售行业的情况：人寿保险已经连续20年成为美国最优秀的保险销售。不过，有十分之九的人在刚刚进入这个行业的时候就会感到备受挫折，他们最多坚持了一年就会选择放弃。结果只有那十分之一的人选择了最终坚持下来，当然，本应该由那十分之九的人销售的份额竟然是由这十分之一的人创造而成。换而言之，那十分之九的人将完成销售剩下的十分之一的份额。这样说起来估计有点复杂，我们可以举一个简单的例子：假如你选择从事销售人寿险，而且你所在的公司十个人估计有九个人会在一年之内放弃这个行业，而剩下的这个坚持下来的人在留下来的人之中只有十分之一的机会可以赚得一万元。即你想要赚得一万元估计只有百分之一的机会。就人寿保险这个行业而言，几乎每年都有无数的人根本不考虑这个行业的后果而选择一头扎进来，结果却半途而废，所以，对于这样的行业应该选择拒绝。

当你已经决定开始从事某个行业时，你需要花费几个星期，或者花费几个月的时间寻找到自己在这个行业的优势。至于如何寻找，你可以向那些在这个行业中工作了10年、20年或是40年的前辈们请教。

事实上，关于向行业的前辈请教这件事，我也曾经做过。当我20岁左右的时候，我曾向两位年长的人寻求职业建议，如今看来，我事业生涯的转折点就源于那两次请教，这对我人生的影响是深远的。其实，假如没有这两位前辈的指点，我简直无法想象，我现在的生活会是怎样。

所以，当你决定从事某个行业的时候，需要请这个行业的前辈请教一二。比如，你想成为一名建筑师，那么当你做出这个决定之前，应该花时间去拜访自己所在城市或附近城市的那些建筑师。假如你不认识他们，可以从分类电话簿中寻找到他们的名字和地址，你甚至能够通过预约直接去他们的办公室拜访。在这里，我甚至可以告诉你怎么写这个预约：

我想请教您，您可以帮我一个小忙吗？我希望得到您的建议。我现在18岁了，目前的想法是想通过学习成为一名建筑师，不过，我在正式做这个决定之前，希望可以从您这里听到中肯的建议。假如工作太忙不方便在办公室约见我，那即便只抽出半个小时让我能够到您家里拜访，我也将感到非常荣幸。

下面是我想请教您的问题：

（1）假如您能够得到重生，您还愿意成为一名建筑师吗?

（2）在您对我经过考察之后，我想询问的是，您是否觉得我具备成为一名建筑师的潜质?

（3）现在建筑行业是否是热门行业?

（4）在四年的建筑学习之后，您觉得我是否很容易找到一份工作，我首先应该选择什么样的工作？

（5）假如我水平处于中等，那按照您的估算，我在工作前五年大概可以赚多少钱？

（6）当建筑师的优点和缺点分别是什么？

（7）假如我是您的儿子，我去成为一名建筑师，您会支持我吗？

假如你性格比较内向，不敢独自去约见这位大人物，那你可以这样做：首先，你可以选择一位与自己年纪相仿的朋友一起前往，你们彼此给对方增加信心。假如你寻找不到这样的朋友，那你可以要求父亲与你一起去。其次，你应该明白是你自己向对方请教，所以务必在请教过程中保持谦恭的态度。这样对方会非常愿意为你解答问题，通常情况下，在年轻人谦卑的姿态下，那些前辈们很愿意给你提供建议，所以，说不准你拜访的这位建筑师很愿意约见你。

生活中，估计有的年轻人不愿意写预约信，觉得这样做比较麻烦，那最直接的方法就是到建筑师的办公室去，你可以说："我真诚地向您请教，我希望您给我一些中肯的建议，这样我将非常荣幸。"向不止一位建筑师寻求指教，多几个人，就多一点几率，在他们中间肯定有人愿意见你，然后向你提供建议，这样可以让你省掉不少麻烦，避免因挫折而难过。

事业和家庭是一个人人生中最重要、影响最深远的两个决定。所以，你一定要在行动之前花些时间弄清楚各种事情，假如不那样去做，你会遗憾终生。所以，假如你有金钱支付时间，那我宁愿你花时间请人花半个小时给你建议。

你觉得自己只适合一个行业？当然不是。我自己就是一个活生生的例子：假如我可以通过学习，然后做好一切准备，我相信自己能够在这些行业中做出成绩，比如农业种植、水果栽培、科学耕种、医药、销售、广告、地方报纸的编辑、教育和林学。事实上，每个普通人都能够在许多个行业成功，也能够在许多个行业失败。还是以我为例子，我肯定自己在某些行业有一些挫折，比如账目登录、账目清算、工程学、酒店或工厂运转、建筑和一切的机械工种及其他无数个职业。